23.5°

我的第一套
万物启蒙书 · 天文地理
炽热的恒星

蓝灯童画　编绘

山西出版传媒集团　山西人民出版社

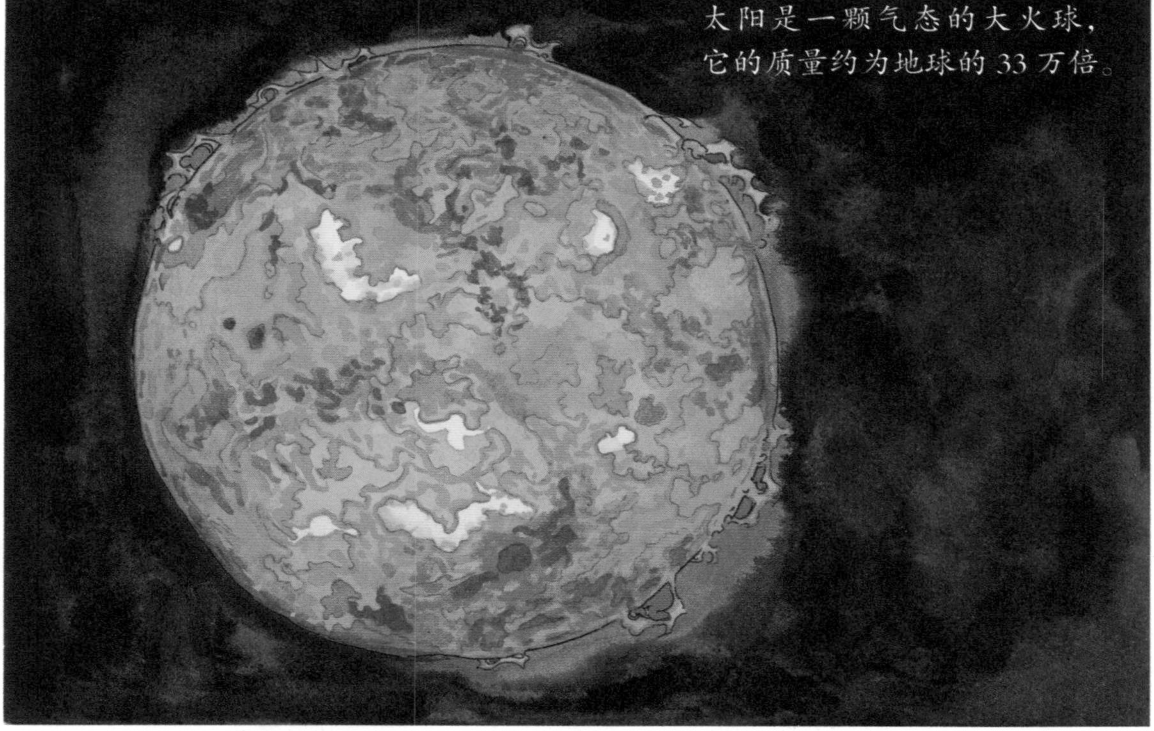
太阳是一颗气态的大火球，
它的质量约为地球的 33 万倍。

在中国古代神话中，太阳是住在扶桑
树上的三足金乌，每天由神仙的车子
载着它，自东向西在天上走一圈。

恒星由炽热的气体组成，能自己发光。距离地球最近的恒星是太阳。整个太阳系的行星，包括地球，都以太阳为中心转动。

太阳内核不停地发生核聚变反应，产生巨大的能量。这些能量辐射到太空中，为太阳系的其他行星带来光和热。

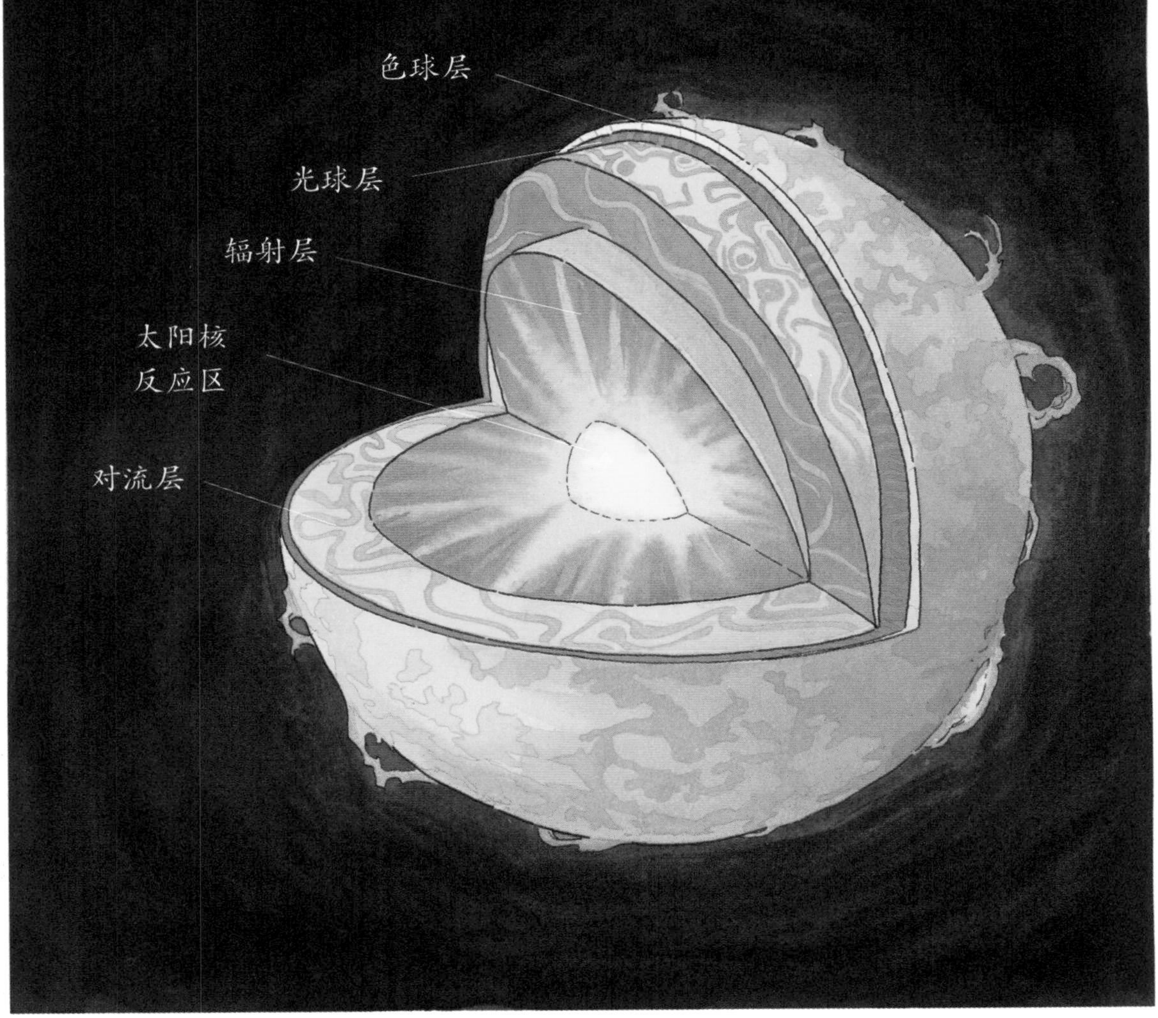

如果没有太阳，我们的地球就没有昼夜和四季，冷得像个大冰块。

日冕只有在日全食时或通过日冕仪才能看到。
日冕
观测日食时一定要
使用太阳滤光片。

太阳的温度，从外向内一层一层逐渐升高。在太阳的外面，还包裹着三层大气，从内到外依次是：光球层、色球层和日冕层。

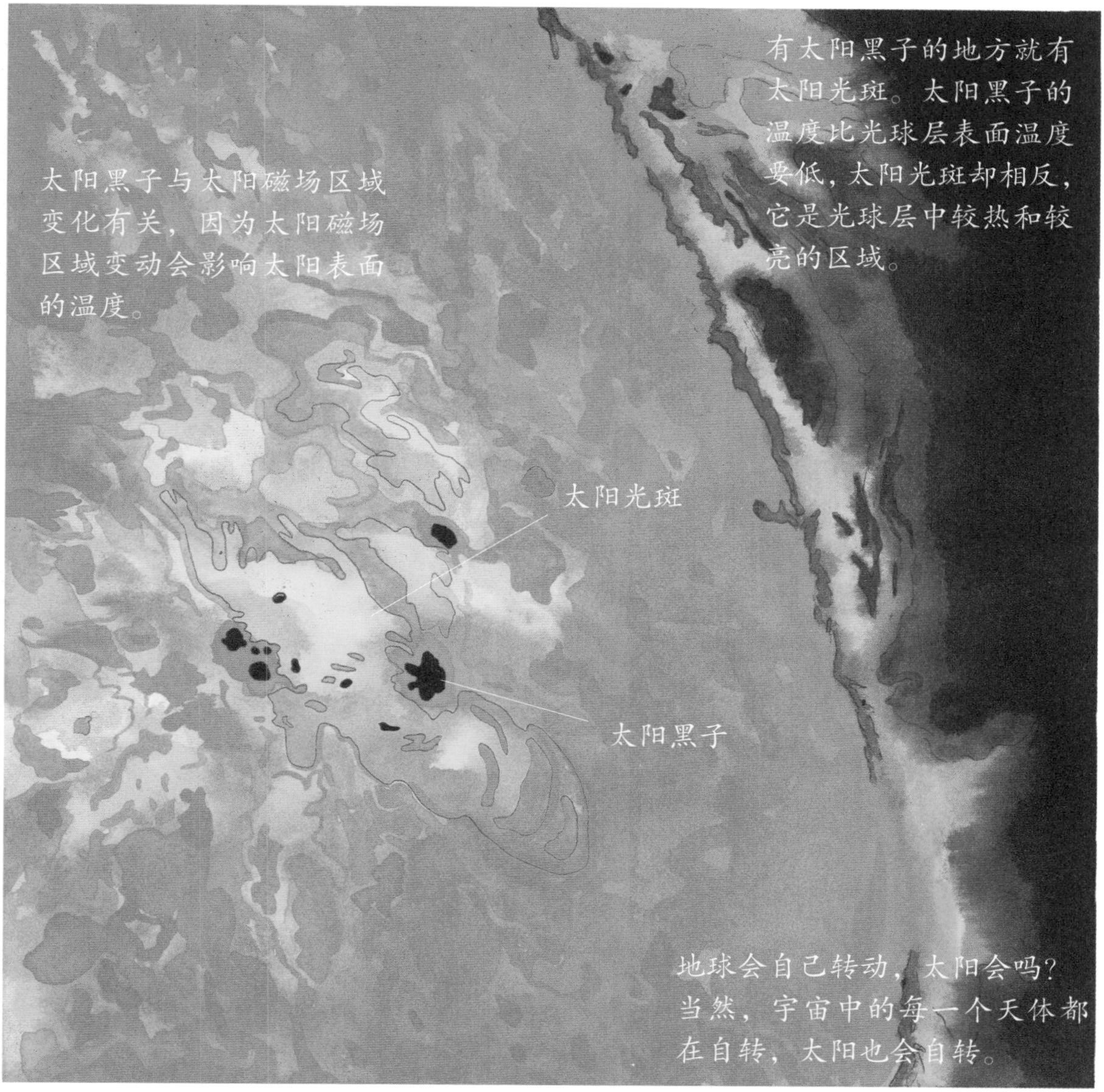

太阳黑子与太阳磁场区域变化有关，因为太阳磁场区域变动会影响太阳表面的温度。
有太阳黑子的地方就有太阳光斑。太阳黑子的温度比光球层表面温度要低，太阳光斑却相反，它是光球层中较热和较亮的区域。
太阳光斑
太阳黑子
地球会自己转动，太阳会吗？当然，宇宙中的每一个天体都在自转，太阳也会自转。

有时候，太阳的“脸上”会长出一块一块的黑斑，这是太阳黑子。太阳黑子是发生在太阳光球层上的一种太阳活动，通常成群出现。

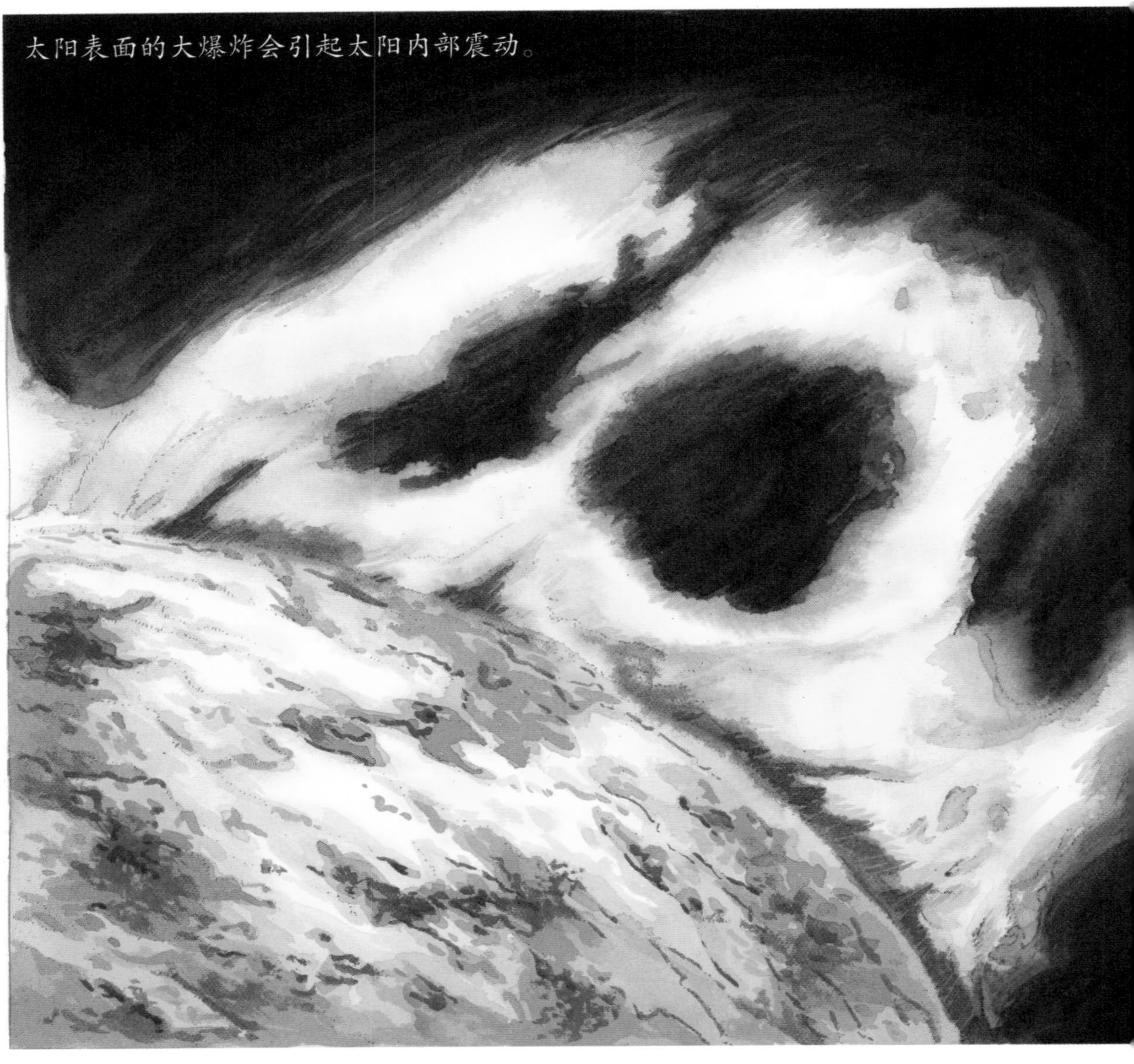
太阳表面的大爆炸会引起太阳内部震动。

太阳耀斑一般发生在太阳黑子群上方，是比火山爆发厉害千万倍的气体大爆炸。

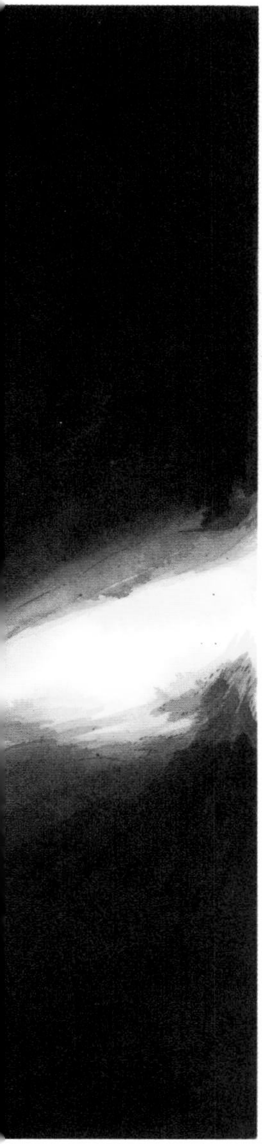

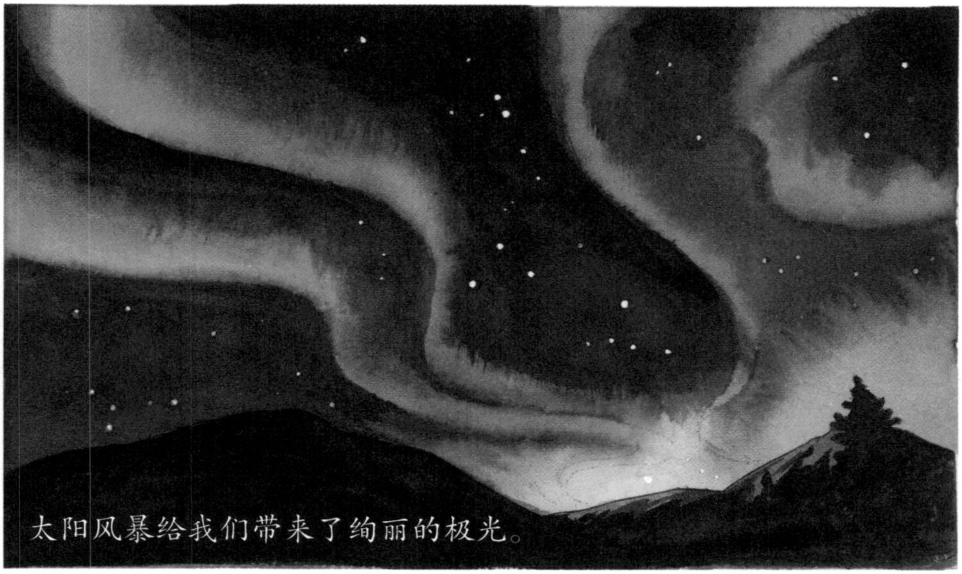

太阳风暴给我们带来了绚丽的极光。

太阳风暴也会对地球造成不好的结果，比如引起电力中断或破坏通信系统。

太阳表面的大爆炸，还能引起太阳风暴。

太阳风暴喷射出很多带电粒子，像一阵风一样在宇宙中窜来窜去，经过两三天到达地球，并对人们的生活产生影响。

太阳风暴能破坏地球上空的臭氧层，造成臭氧层空洞。
阳光里的大部分紫外线被臭氧层吸收。
过量的紫外线会伤害我们的皮肤，破坏我们的身体细胞。

不仅如此，太阳风暴袭击地球时，还会破坏地球的“保护伞”——臭氧层，导致臭氧层出现破洞，大量短波紫外线穿过大气层，伤害人类和动物。

紫外线是一种电磁波，地球表面的紫外线大多来自太阳。不同波段的紫外线作用不同，有的紫外线可以让植物快乐生长，也可以帮助人体合成骨骼所需要的维生素 D。

北京故宫的赤道日晷

澳大利亚日晷（因为在南半球，时间标志是逆时针转的）

英格兰垂直日晷

巴黎的旅者日晷非常小巧，方便携带

很久很久以前，人们就开始观察太阳，最早，人们利用太阳移动的规律来预测时间。日晷是通过观测太阳的影子测定时间的仪器。

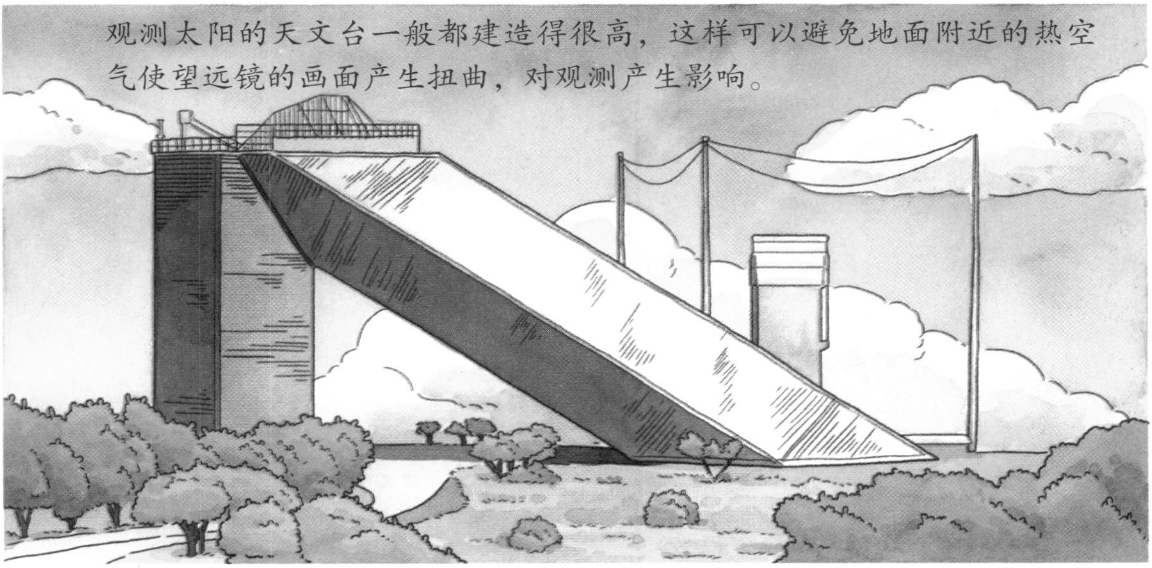

观测太阳的天文台一般都建造得很高，这样可以避免地面附近的热空气使望远镜的画面产生扭曲，对观测产生影响。

太阳非常明亮，绝对不可以直接用我们的眼睛观察。
小朋友在观测太阳时，需要有大人的陪伴，可以将太阳投影到卡片上，或者佩戴观测眼镜来观测。

现在，我们发射了太阳观测卫星，还建起了高高的、专门用于观测太阳的天文台。

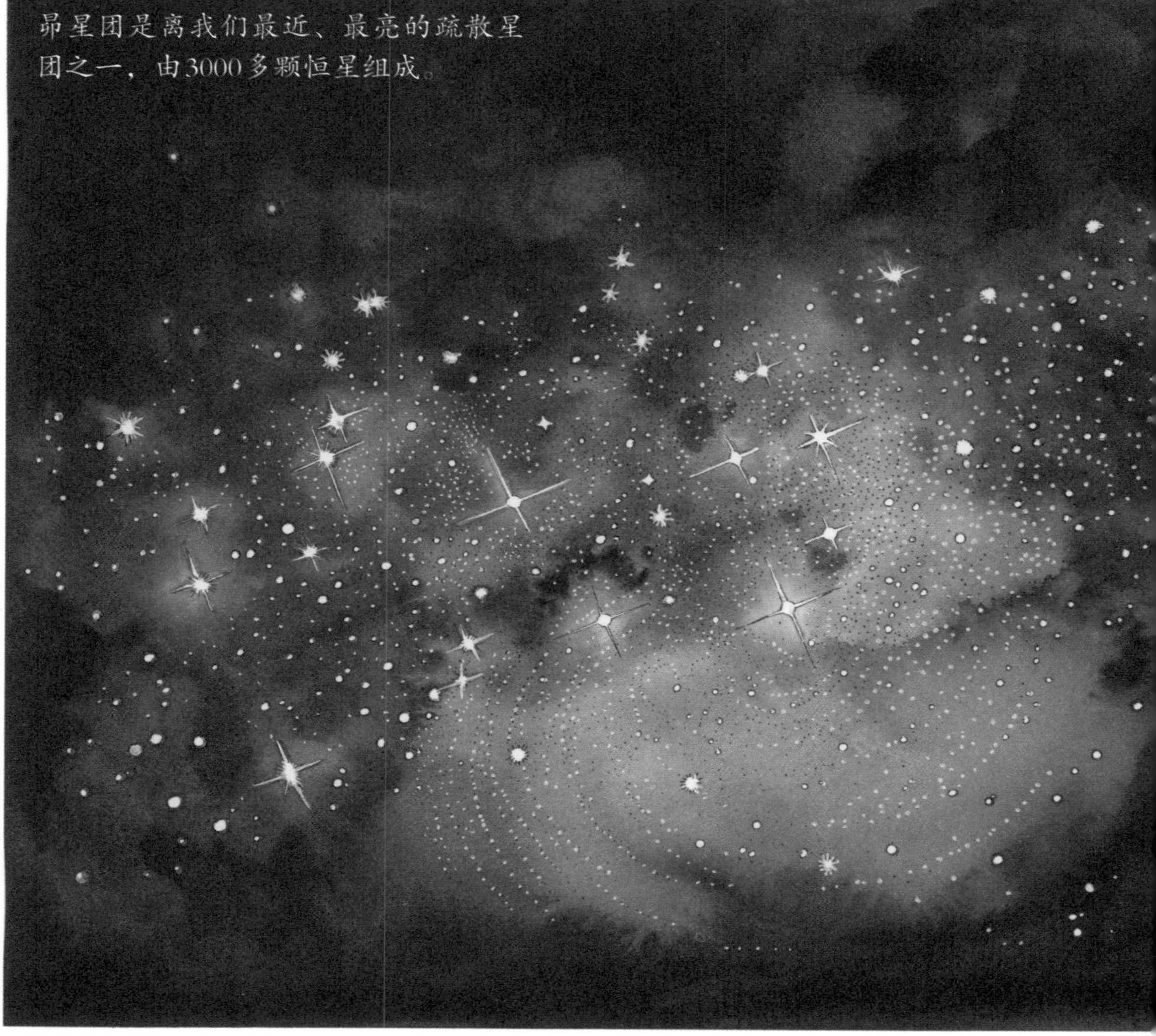
昴星团是离我们最近、最亮的疏散星
团之一，由3000多颗恒星组成。

除了太阳，宇宙中还有很多恒星。

和太阳一样，作为气态星球，恒星依靠内部的压力与自身重力之间的平衡来保持稳定。

星云是由气体和尘埃构成的云雾状天体，
恒星就是从这些星云中诞生的。

恒星来自宇宙中的星云。星云飘散在宇宙里，看起来像一团混合起来的云雾和尘埃，它是生产恒星的“大工厂”。

星云在收缩过程中分裂成
很多大小不一的小气旋。
当小气旋继续收缩，气旋中心
温度越来越高，开始发生核反
应，一颗新的恒星就诞生了。

当星云不断收缩，再收缩，内部因为压力变得越来越热，恒星就从星云里诞生啦！

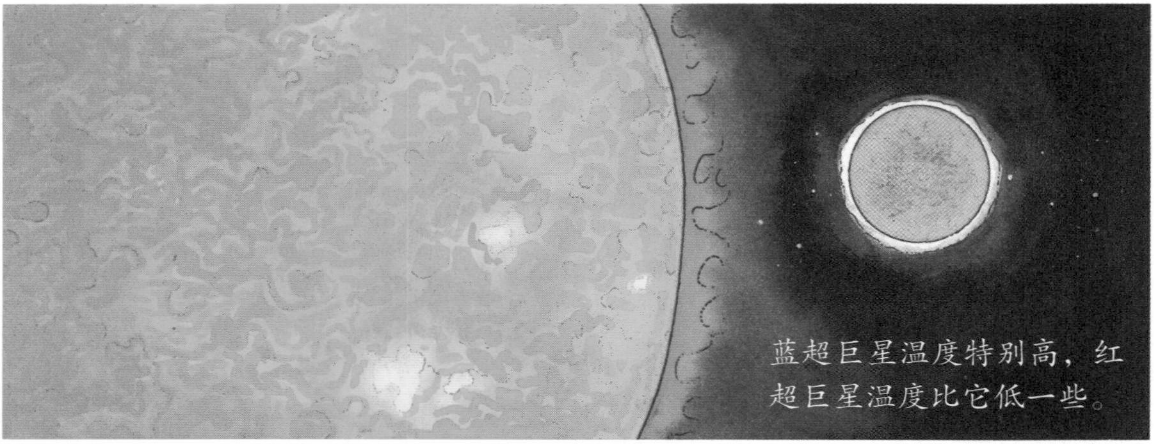

蓝超巨星温度特别高，红超巨星温度比它低一些。

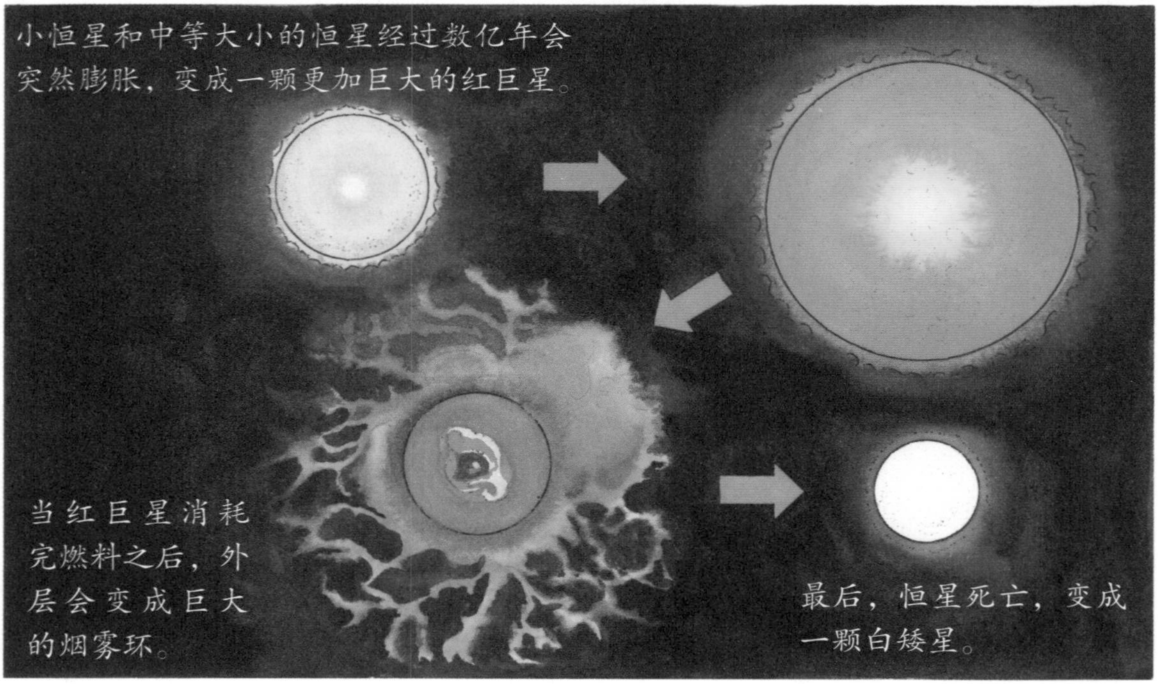

小恒星和中等大小的恒星经过数亿年会突然膨胀，变成一颗更加巨大的红巨星。
当红巨星消耗完燃料之后，外层会变成巨大的烟雾环。
最后，恒星死亡，变成一颗白矮星。

恒星多种多样，它们大小不同、颜色不同，并处在不同的生命阶段。

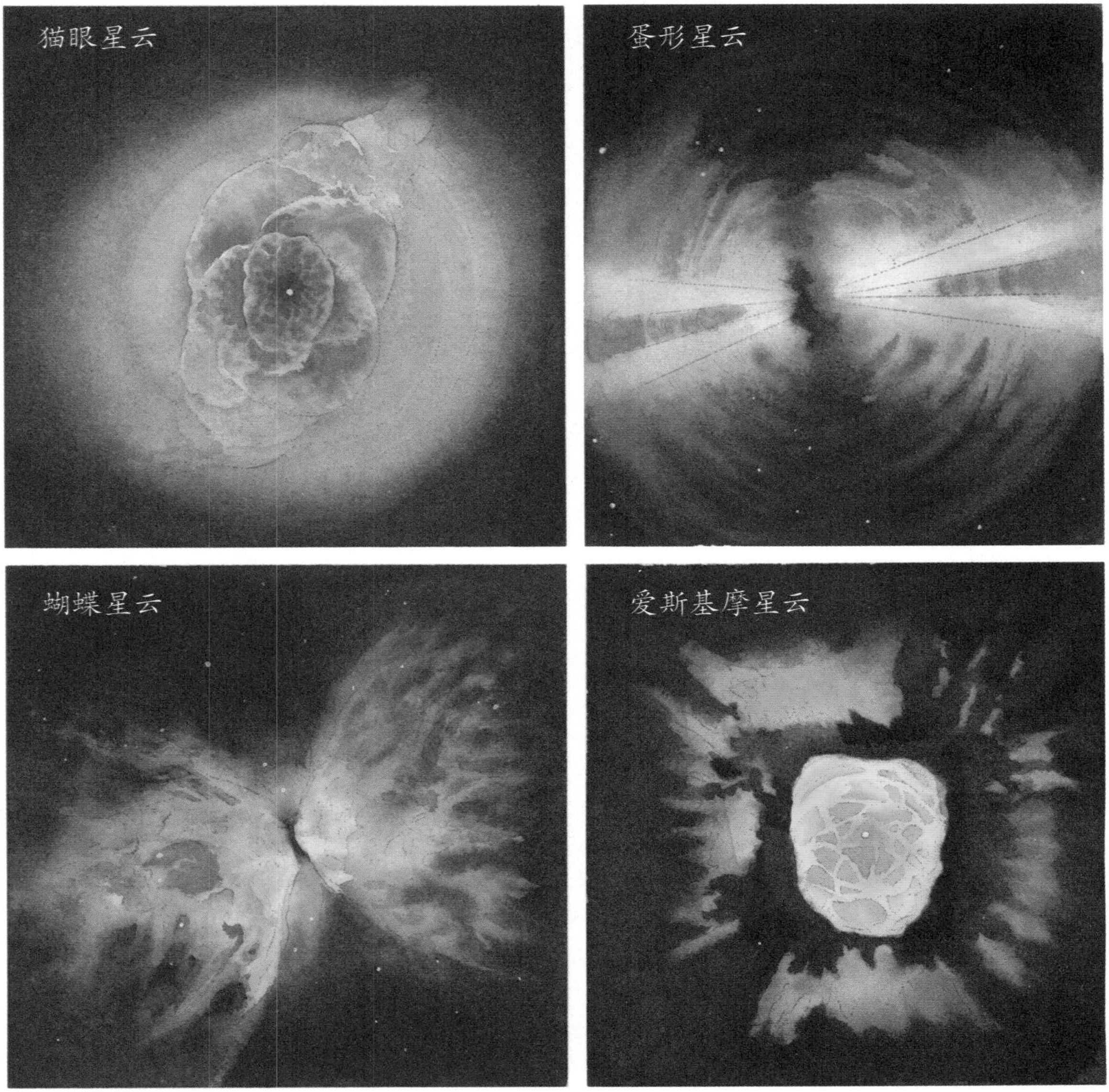

红巨星外层在消亡过程中形成的发光烟雾环，又被科学家称为行星状星云，它们有各种有趣的形状。

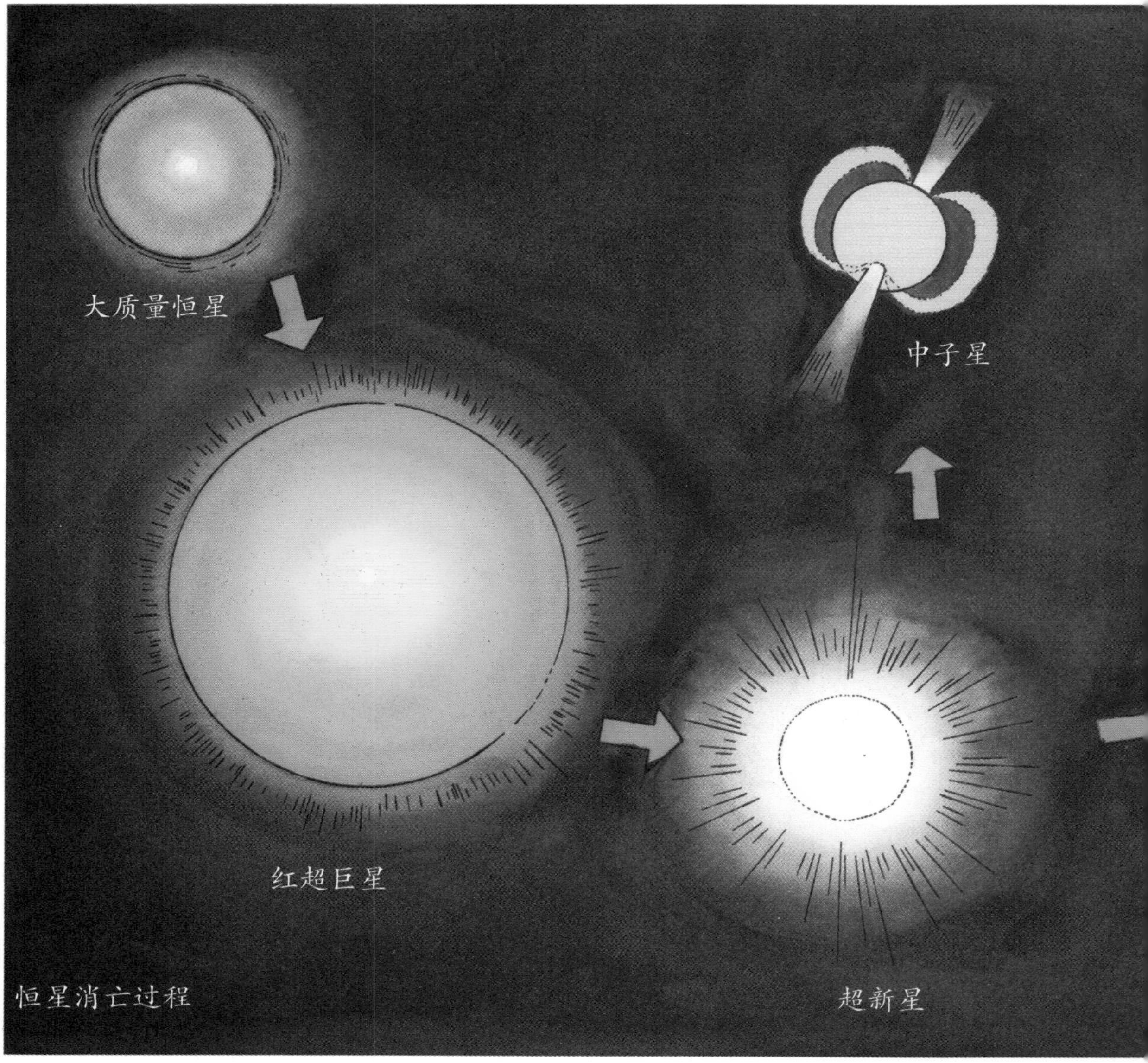

大质量恒星和中小质量的恒星不一样，快消耗完自己的燃料时，它会变成更加巨大的红超巨星，然后发生大爆炸！

黑洞的引力特别强大，任何东西甚至光线靠近它都难以逃脱。
黑洞
地球如果变成了一个黑洞，会压缩为一个弹珠大小。

恒星衰亡引发的大爆炸会形成超新星，最后逐渐变为中子星和黑洞。

夜晚，天空中那些闪闪发光的星星，大部分都是恒星。

以前，人们认为北斗星的斗口一直指向北方。事实上，北斗星是会旋转的，不会一直指向北方。
北斗七星是由七颗恒星组成的一个勺子形状的星群，是大熊座尾巴的一部分。

恒星是随机分布的，人们根据它们组合成的大致形状，划分成一个个的星座，根据星座在天空中的位置，我们可以辨别方向。

来吧，在晴朗的夜晚，让我们带上天文望远镜，一起看各种星座吧！

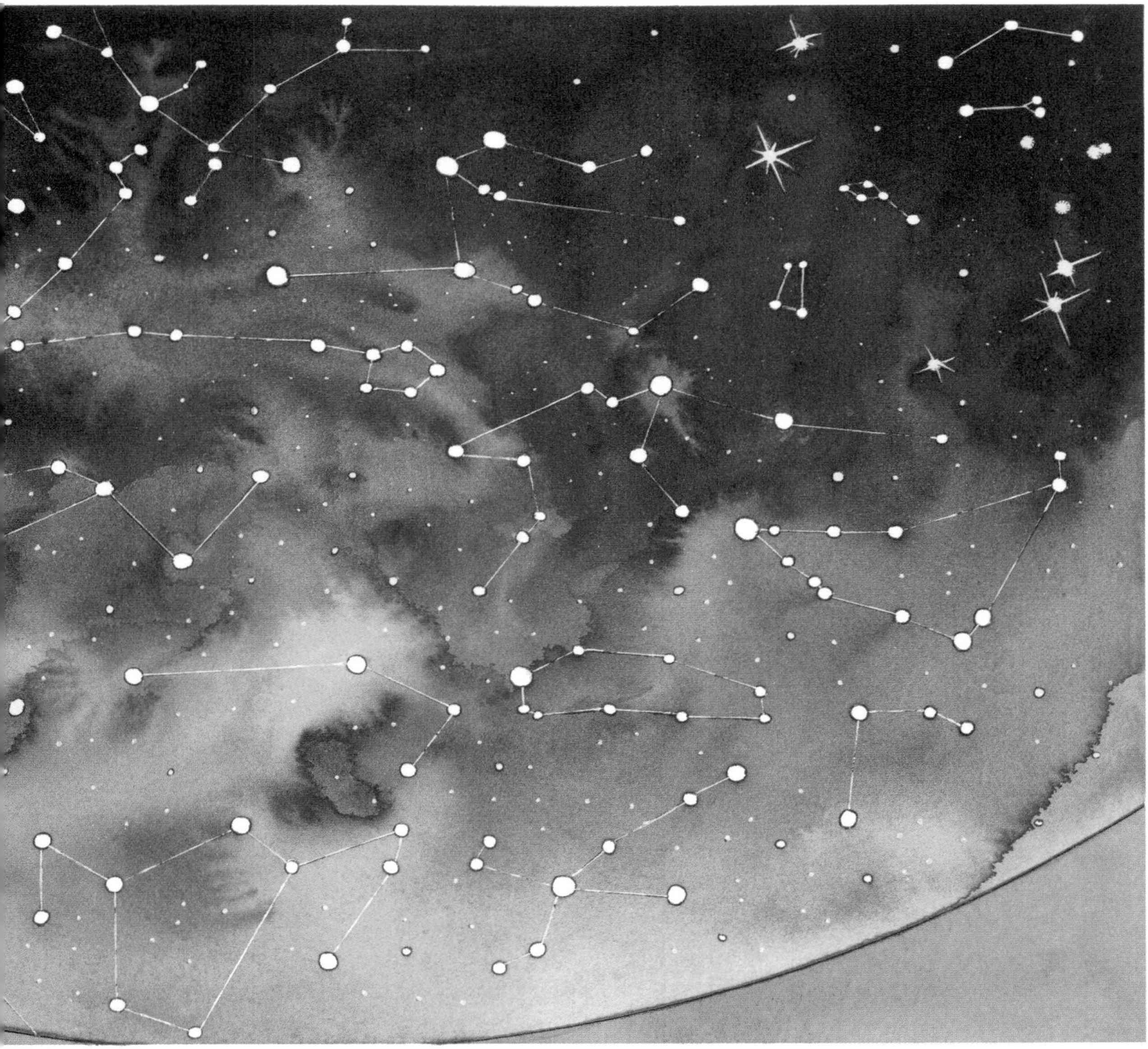

天空中有那么多星星，你知道哪些是恒星吗？

图书在版编目（CIP）数据

我的第一套万物启蒙书. 天文地理 / 蓝灯童画编绘
. -- 太原 : 山西人民出版社 , 2023.2
ISBN 978-7-203-12667-6

Ⅰ. ①我… Ⅱ. ①蓝… Ⅲ. ①科学知识 – 儿童读物②天文学 – 儿童读物③地理学 – 儿童读物 Ⅳ. ① Z228.1 ② P1-49 ③ K90-49

中国国家版本馆 CIP 数据核字 (2023) 第 019441 号

我的第一套万物启蒙书. 天文地理

编　　绘：蓝灯童画
责任编辑：宣海丰
复　　审：傅晓红
终　　审：贺　权
装帧设计：言　诺

出 版 者：山西出版传媒集团・山西人民出版社
地　　址：太原市建设南路21号
邮　　编：030012
发行营销：0351−4922220　4955996　4956039　4922127（传真）
天猫官网：https://sxrmcbs.tmall.com　电话：0351−4922159
E - mail：sxskcb@163.com　发行部
　　　　　sxskcb@126.com　总编室
网　　址：www.sxskcb.com

经 销 者：山西出版传媒集团・山西人民出版社
承 印 厂：三河市金兆印刷装订有限公司

开　　本：787mm × 1092mm　1/16
印　　张：14
字　　数：96千字
版　　次：2023年2月　第1版
印　　次：2023年2月　第1次印刷
书　　号：ISBN　978−7−203−12667−6
定　　价：168.00元（全8册）

如有印装质量问题请与本社联系调换

23.5°

23.5°

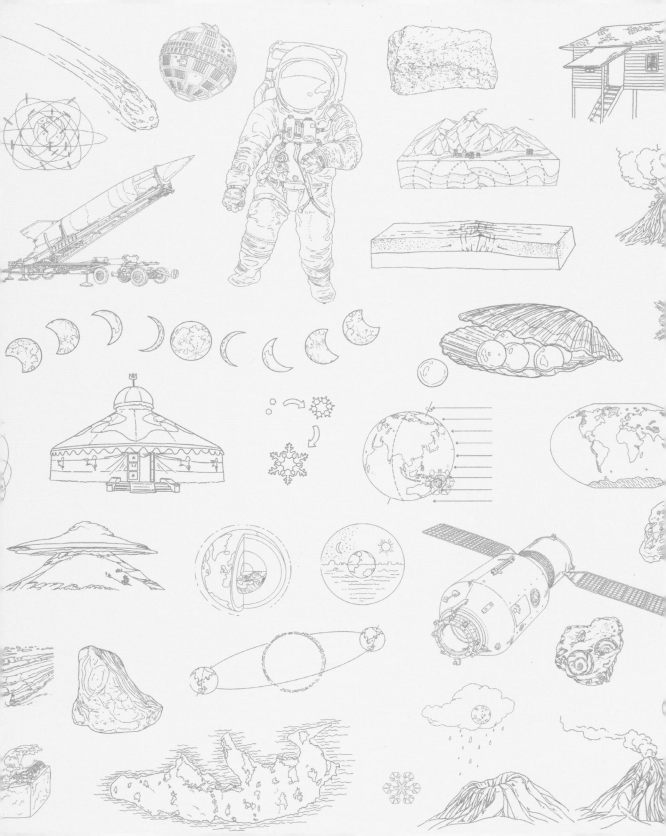

我的第一套

万物启蒙书 · 天文地理

你好，地球

蓝灯童画　编绘

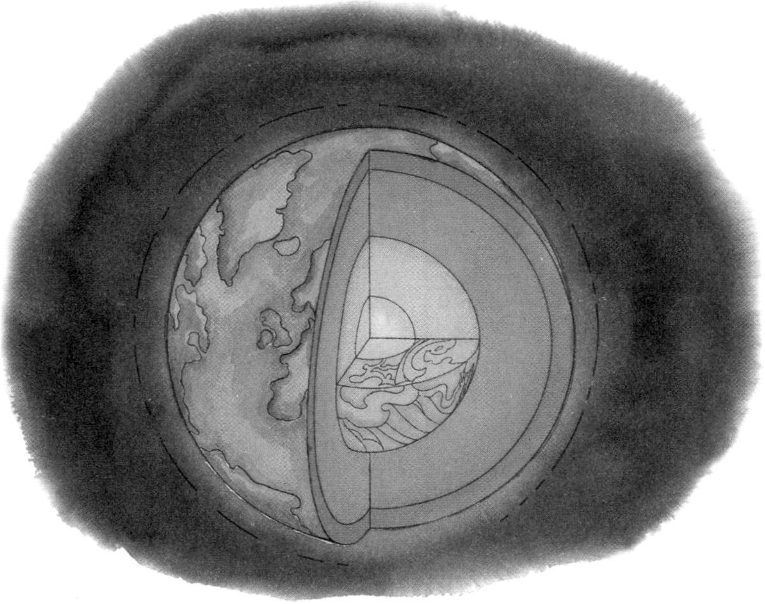

山西出版传媒集团　山西人民出版社

地球，就像它的名字一样，是一颗圆圆的球体。它的南北两极略扁一点，赤道略鼓，远远望去，就像一个蓝色的大橘子。

商末周初，人们认为天像个圆盖，地像个棋盘，这就是“盖天说”。

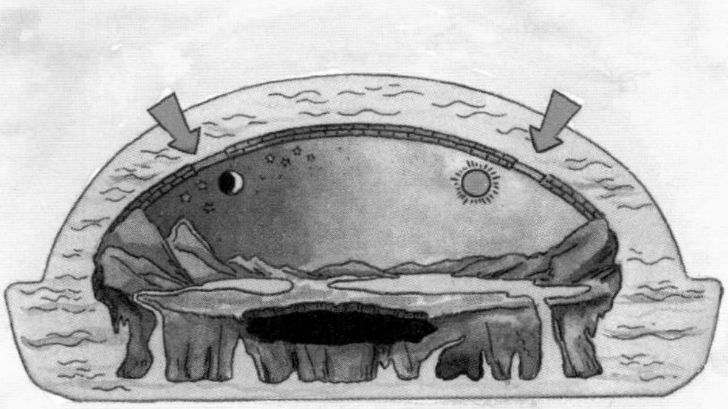

古巴比伦人认为地球像一座镂空的山，外层都是海水。

汉代张衡提出的“浑天说”认为，天裹着地球，就像鸡蛋壳裹着蛋黄。

古印度人认为，大地是被四只站在巨龟身上的大象支撑起来的。

地球太大了，住在上面的我们，根本感觉不出来地面是弧形的。

古人甚至认为，地球是一块巨大的、如同棋盘的方形陆地，天空就像一个半圆的盖子盖在陆地上空。

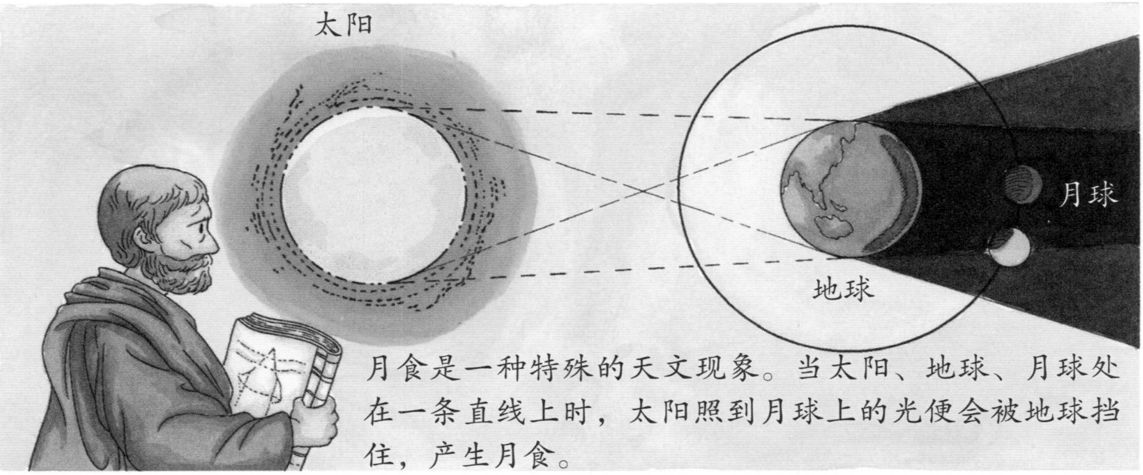

太阳
地球
月球
月食是一种特殊的天文现象。当太阳、地球、月球处在一条直线上时，太阳照到月球上的光便会被地球挡住，产生月食。

我们看到的月亮是被太阳照亮的部分。太阳光会从不同的角度照射在月球上，所以我们看到的月亮形状是不同的。

为了求证地球的真实形状，人们做了各种努力。人们发现，月食时，月球表面的阴影都是呈圆弧形的；站在海边看远方驶来的船只，总是先看到桅杆，再看到船身。这说明，地球不是平的，而是有一定弧度的。

如果地球是圆的，从一个地方出发，朝一个方向一直走，一定能够回到原点。

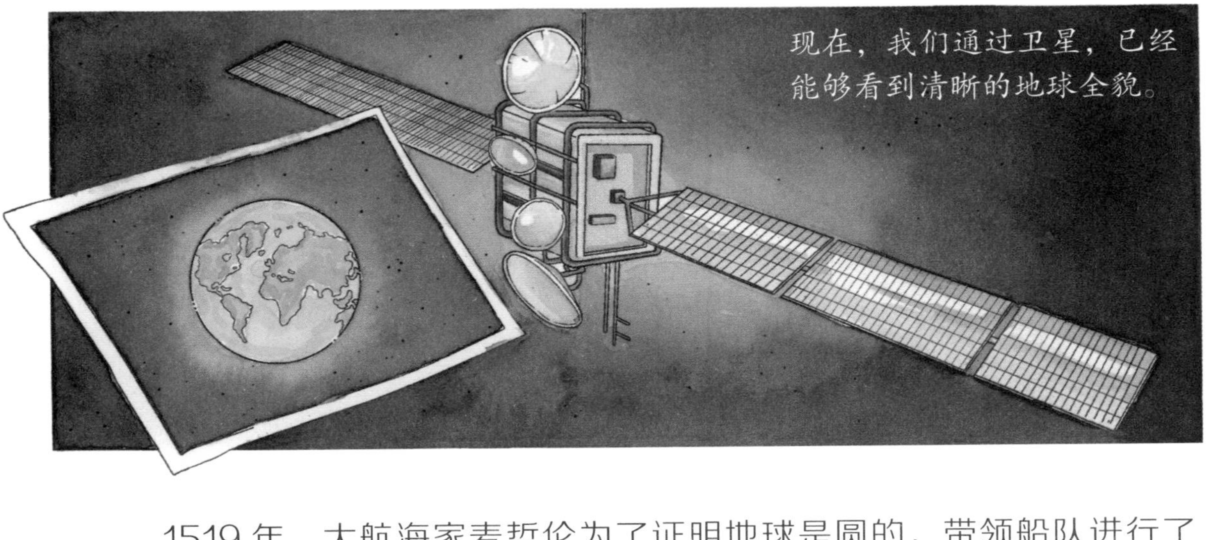

现在，我们通过卫星，已经能够看到清晰的地球全貌。

1519 年，大航海家麦哲伦为了证明地球是圆的，带领船队进行了人类历史上第一次环球旅行。

地球是球形的，太阳系中的其他行星也是球形的。它们以太阳为中心不停旋转，接受太阳带来的光和热。

太阳是个燃烧的大火球，离它太近，会被烤干；离它太远，又会被寒冷笼罩。地球与太阳之间的距离不近也不远，接受的光照和热量刚刚好，很适合生命生存。

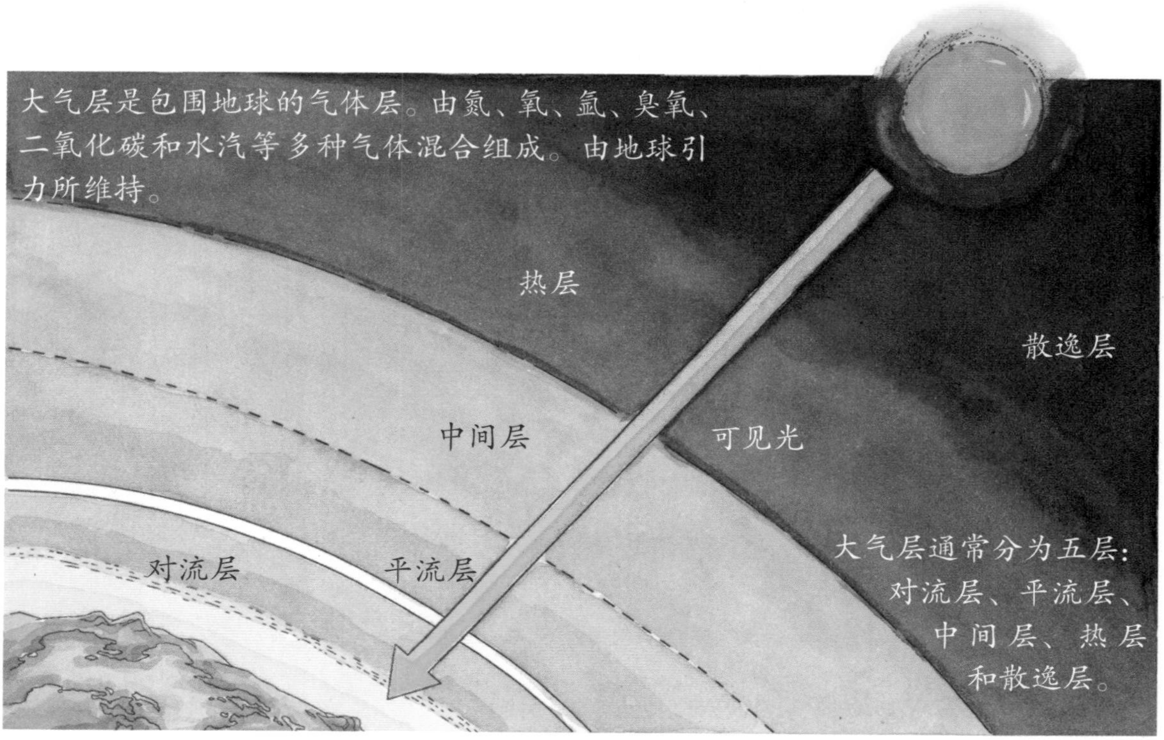

大气层是包围地球的气体层。由氮、氧、氩、臭氧、二氧化碳和水汽等多种气体混合组成。由地球引力所维持。
热层
散逸层
中间层
可见光
对流层
平流层
大气层通常分为五层：对流层、平流层、中间层、热层和散逸层。

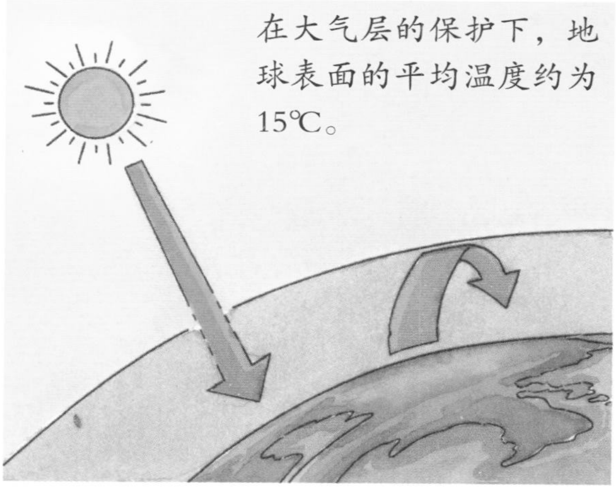

在大气层的保护下，地球表面的平均温度约为15℃。

如果没有大气层，地球表面的水将不复存在，人们将无法生存。

我们能在地球上生存，很重要的一个原因是因为地球外面有大气层。大气层像一个透明防护罩，它能吸收对人体有害的紫外线和 X 射线，防止宇宙尘埃袭击地球。

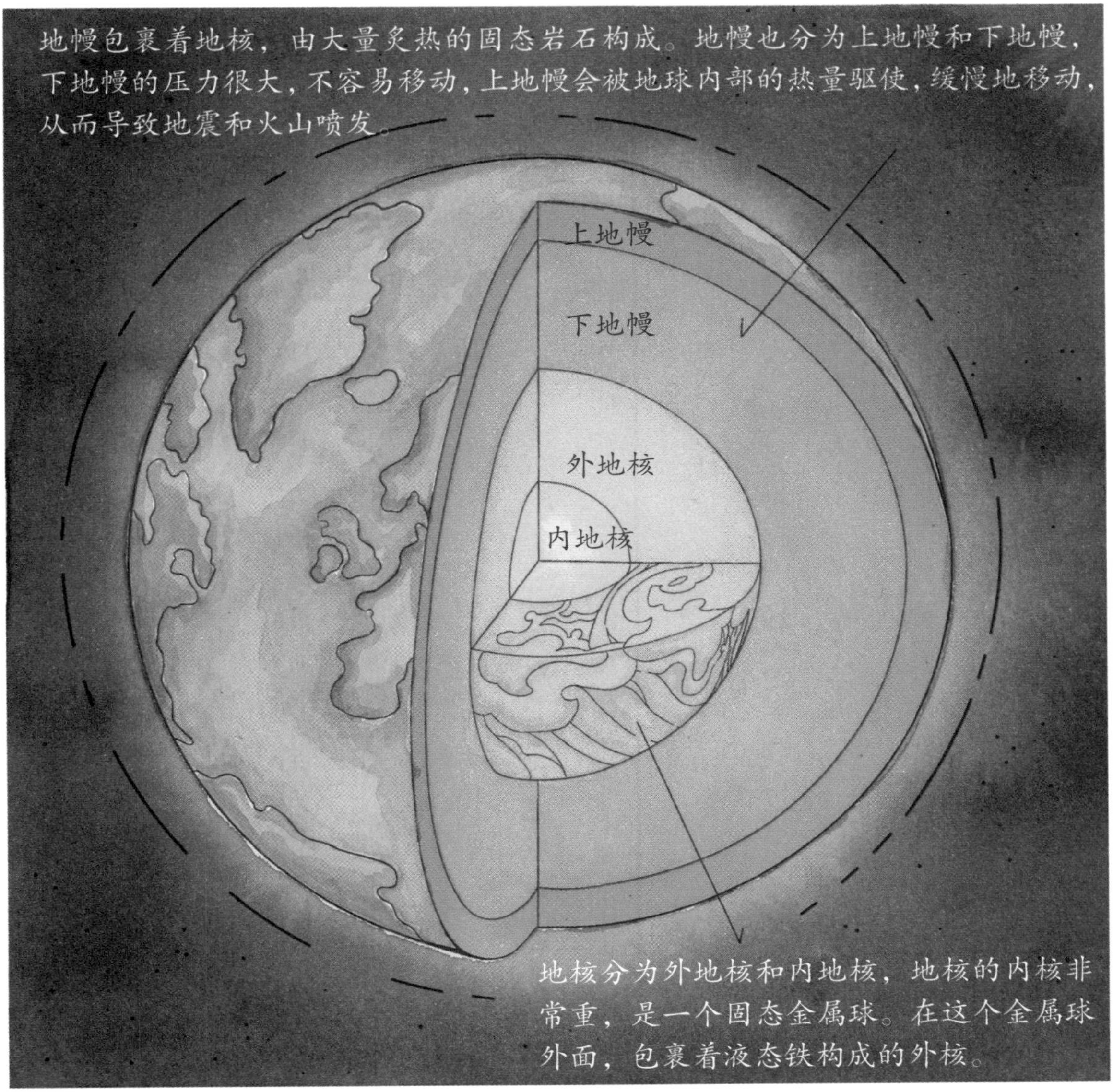

地幔包裹着地核，由大量炙热的固态岩石构成。地幔也分为上地幔和下地幔，下地幔的压力很大，不容易移动，上地幔会被地球内部的热量驱使，缓慢地移动，从而导致地震和火山喷发。
上地幔
下地幔
外地核
内地核
地核分为外地核和内地核，地核的内核非常重，是一个固态金属球。在这个金属球外面，包裹着液态铁构成的外核。

那地球里面是什么样子的？

地球最中心的部位是地核，外面包裹着厚厚的岩石地幔和一层薄薄的地壳。越接近地球的中心，温度就越高。

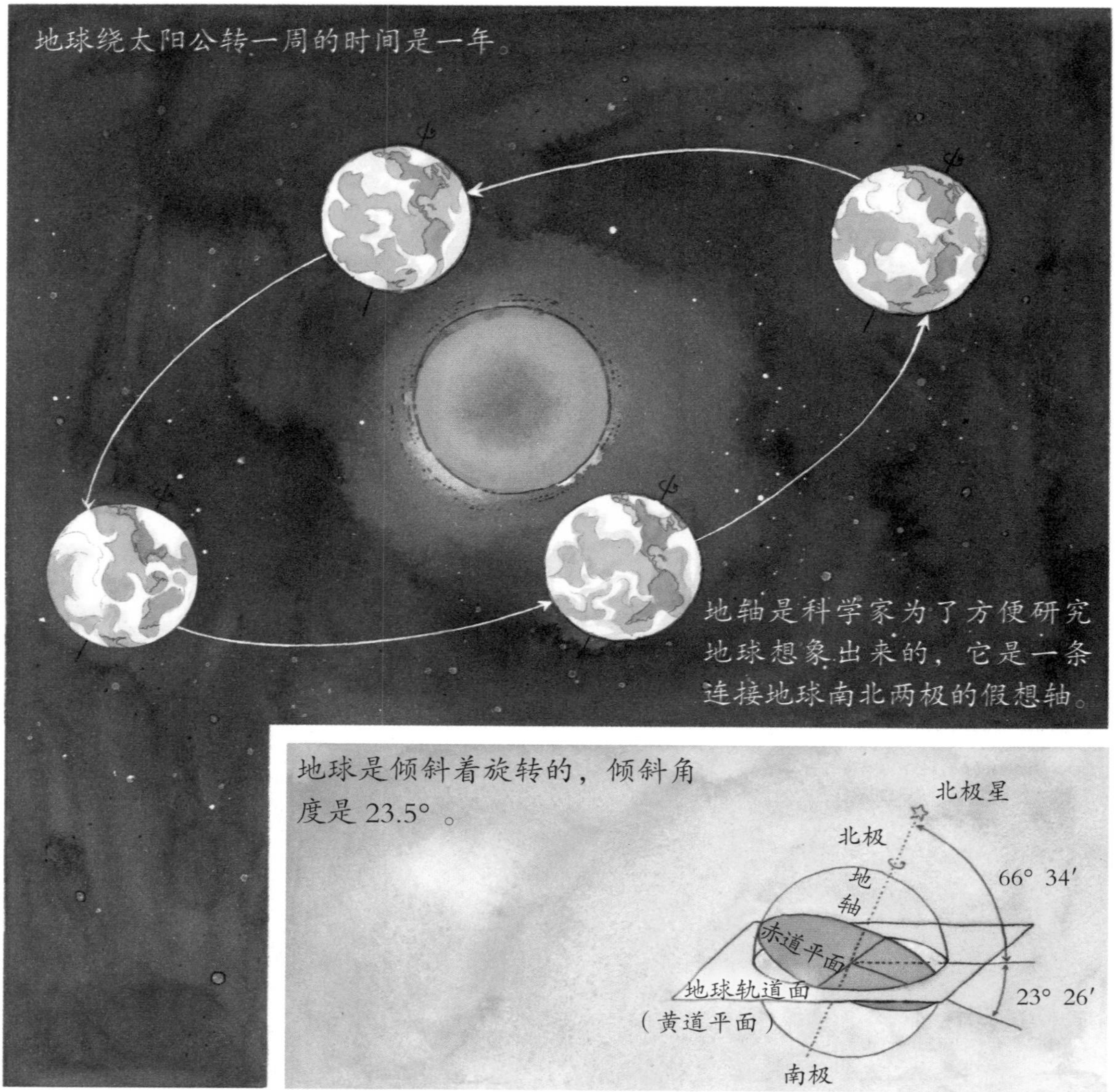
地球绕太阳公转一周的时间是一年。
地轴是科学家为了方便研究地球想象出来的，它是一条连接地球南北两极的假想轴。
地球是倾斜着旋转的，倾斜角度是23.5°。
北极星
北极
地轴
66° 34′
赤道平面
地球轨道面
（黄道平面）
23° 26′
南极

地球不知疲倦地旋转。它不仅自己转（自转），还绕着太阳转（公转）。

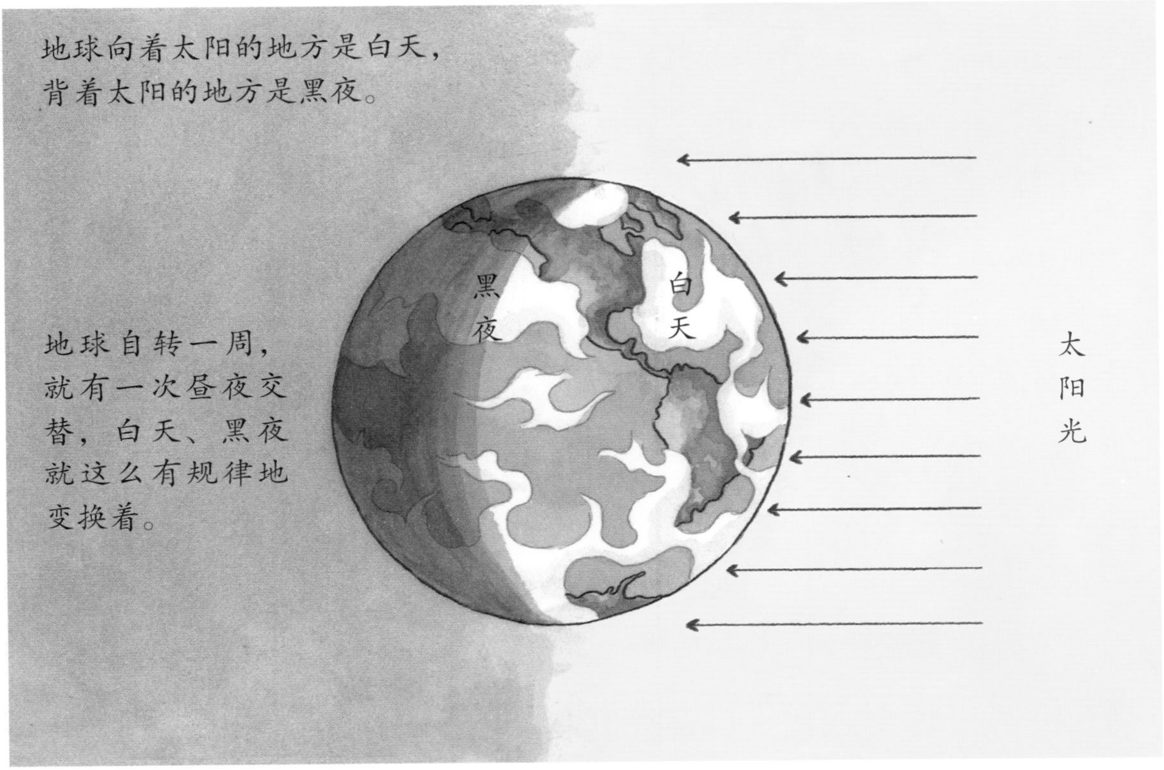

地球向着太阳的地方是白天，
背着太阳的地方是黑夜。
黑夜
白天
太阳光
地球自转一周，就有一次昼夜交替，白天、黑夜就这么有规律地变换着。

在地球的南北极，还会出现奇特的现象——半年是白天（极昼），半年是黑夜（极夜）。

北极是黑夜时，南极就是白天；南极是黑夜时，北极就是白天。

地球不会发光，只能反射太阳光。当地球自转时，太阳照到地球的地方就是白天，照不到的地方就是黑夜。一天有 24 个小时，正是地球自转一圈的时间。

苹果落地是很平常的事情，
英国物理学家牛顿却受此
启发，发现了万有引力。

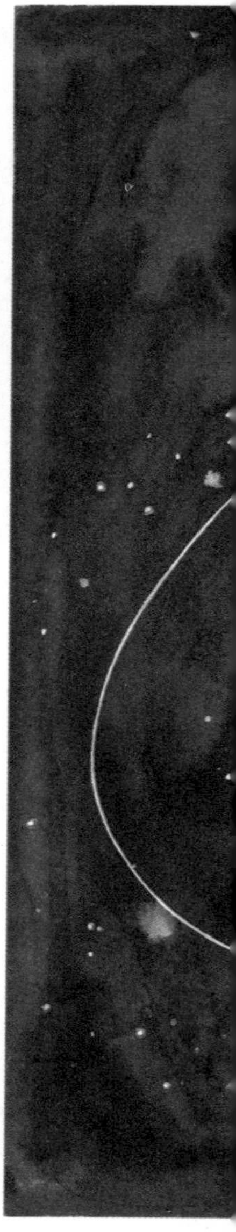

地球不停地转动，人为什么不会飞出去呢？这是因为地球有地心引力。

牛顿发现，不仅地球会对周围的一切物体产生引力，实际上宇宙中所有物体间都存在力的相互作用，这就是“万有引力定律”。

地球对一切物体都有吸引力，力的方向指向地心。

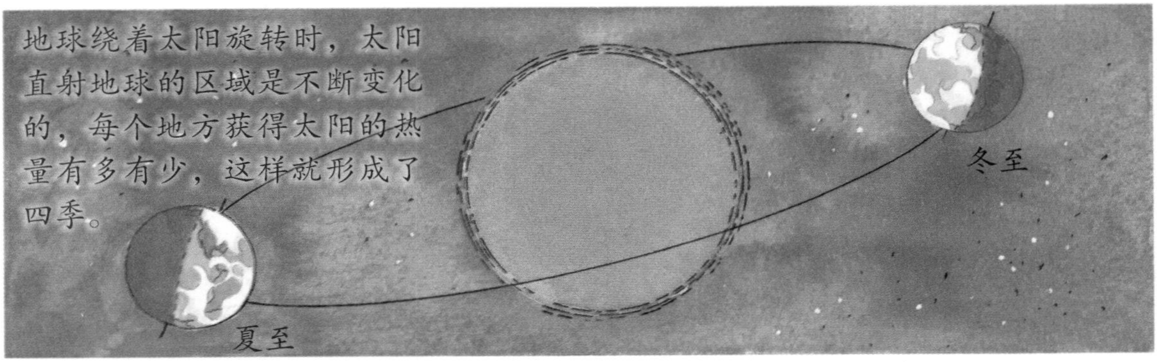

地球绕着太阳旋转时，太阳直射地球的区域是不断变化的，每个地方获得太阳的热量有多有少，这样就形成了四季。
冬至
夏至

地球绕着太阳公转一周的时间是一年。这一年当中，除了赤道和南北极地区，其他区域都有明显的季节变化。

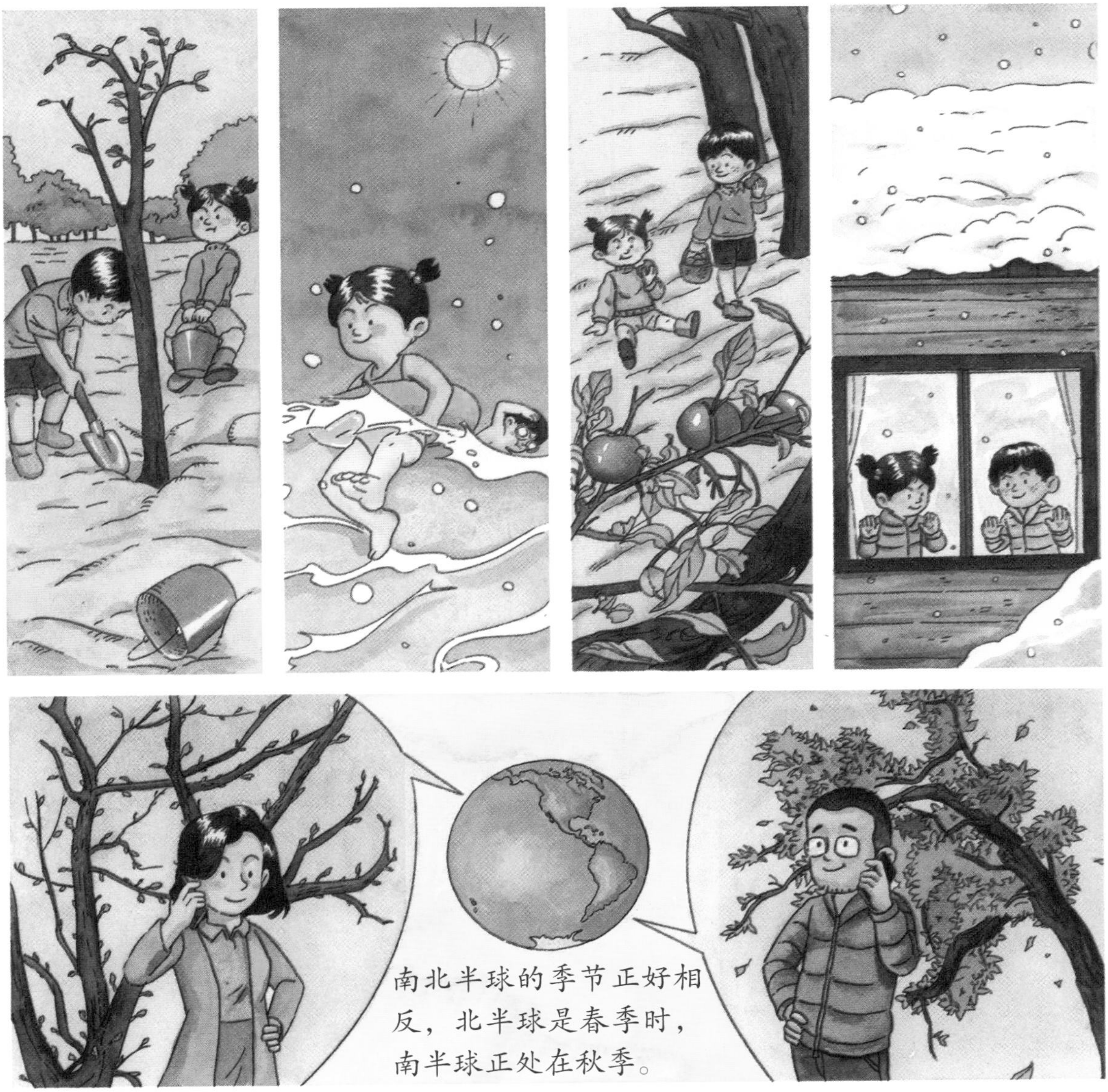
南北半球的季节正好相
反，北半球是春季时，
南半球正处在秋季。

一年有四个季节，分别是春、夏、秋、冬。

春天，太阳照在身上暖洋洋的，
非常适合外出郊游、放风筝。

以我国的华北地区为例：春天，整个世界慢慢醒过来，植物破土而出，长出了新叶；动物结束了冬眠，开始寻找食物。

夏天是一年中最热的时候，人们会通过吹空调、风扇，或吃冰激凌、西瓜降温。

夏季是最炎热的季节，太阳火辣辣的。植物接受了足够的阳光照射，生长得十分繁茂。

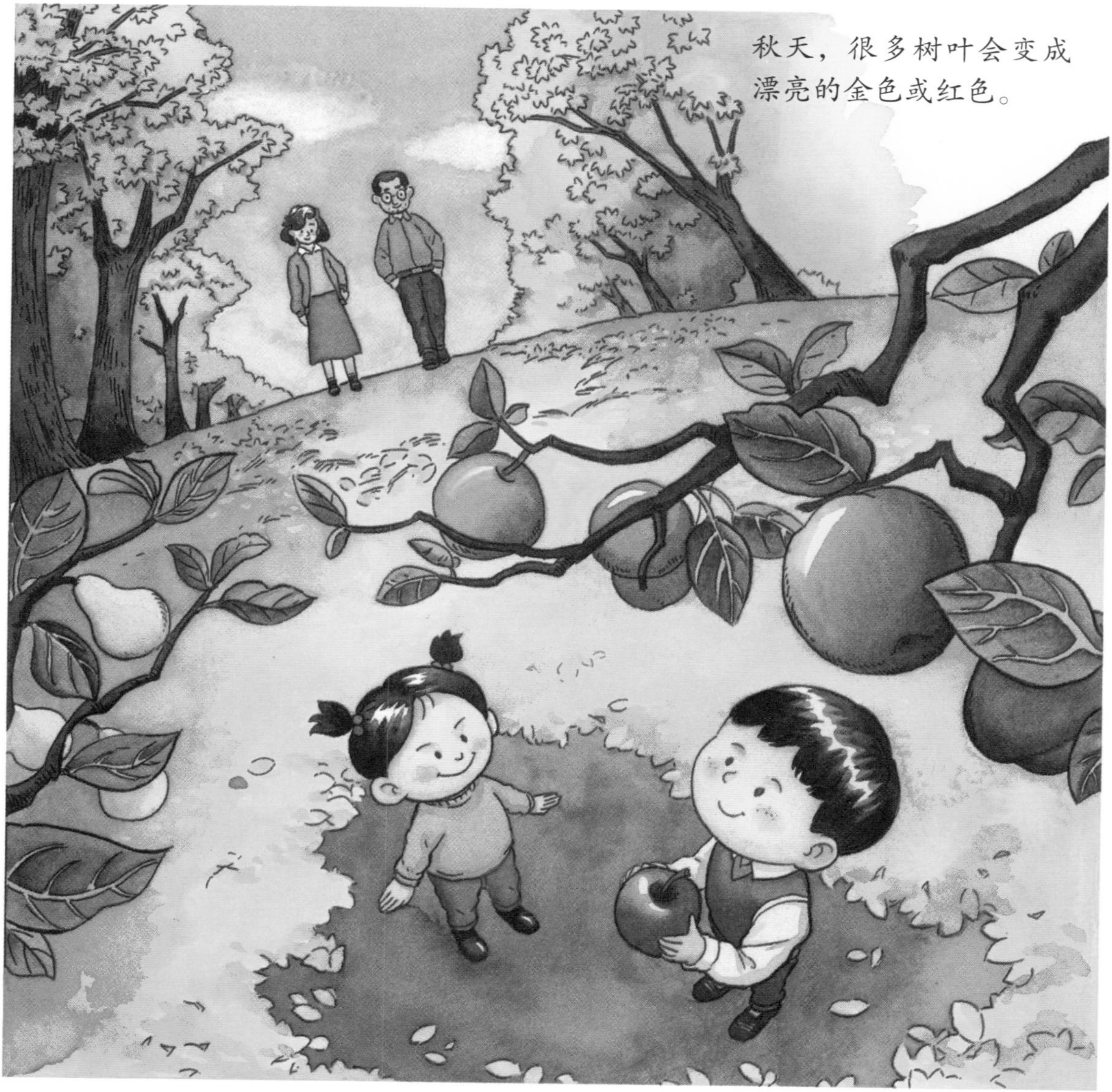
秋天，很多树叶会变成
漂亮的金色或红色。

秋天，天气变得凉爽，植物经历了春天的萌芽和夏天的生长，结出了丰硕的果实。

雪是寒冷空气中凝结的小冰晶碰撞在一起形成的。

冬天，地面获得的阳光最少，气温大幅降低，有时候会下雪。大部分树木都变得光秃秃的。

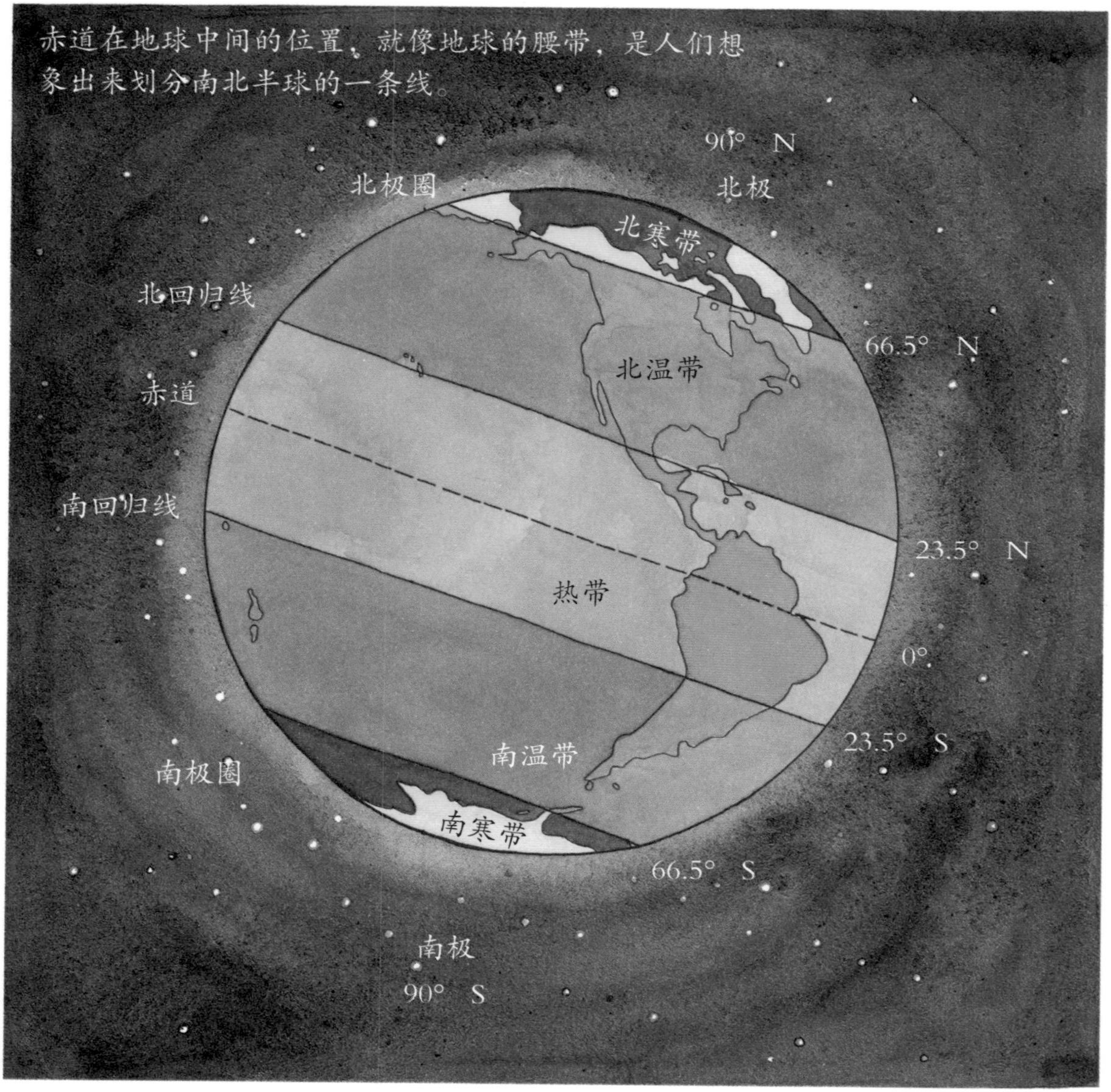

并不是每个地区都四季分明，根据各地获得阳光照射的时间长短和热量多少，科学家按纬度从低到高把地球分为五个温度带，分别是：热带、北温带、南温带、北寒带和南寒带。

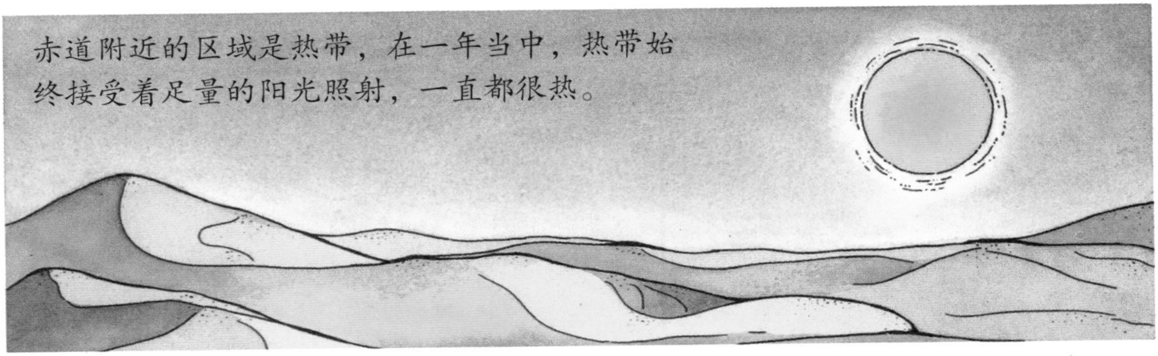

赤道附近的区域是热带，在一年当中，热带始终接受着足量的阳光照射，一直都很热。

寒带和热带正好相反，即使有阳光照射，也因为照射角度过于倾斜，得不到足够的热量，一直都很寒冷。

北寒带
北温带
热带
南寒带
南温带
中国大部分地区位于地球的北温带，这些地区四季变化非常明显。

四季变化最明显的区域是温带。

四季变化最不明显的区域是热带和寒带。

四季就这样一个一个、一年一年轮流出现。

你居住的地方，现在是什么季节呢？

图书在版编目（CIP）数据

我的第一套万物启蒙书．天文地理 / 蓝灯童画编绘
．-- 太原：山西人民出版社，2023.2
ISBN 978-7-203-12667-6

Ⅰ．①我… Ⅱ．①蓝… Ⅲ．①科学知识 － 儿童读物②
天文学 － 儿童读物③地理学 － 儿童读物 Ⅳ．① Z228.1
② P1-49 ③ K90-49

中国国家版本馆 CIP 数据核字 (2023) 第 019441 号

我的第一套万物启蒙书. 天文地理

编　　绘：蓝灯童画
责任编辑：宣海丰
复　　审：傅晓红
终　　审：贺　权
装帧设计：言　诺

出 版 者：山西出版传媒集团・山西人民出版社
地　　址：太原市建设南路21号
邮　　编：030012
发行营销：0351－4922220　4955996　4956039　4922127（传真）
天猫官网：https://sxrmcbs.tmall.com　电话：0351－4922159
E － mail：sxskcb@163.com　发行部
　　　　　sxskcb@126.com　总编室
网　　址：www.sxskcb.com

经 销 者：山西出版传媒集团・山西人民出版社
承 印 厂：三河市金兆印刷装订有限公司

开　　本：787mm × 1092mm　1/16
印　　张：14
字　　数：96千字
版　　次：2023年2月　第1版
印　　次：2023年2月　第1次印刷
书　　号：ISBN　978－7－203－12667－6
定　　价：168.00元（全8册）

如有印装质量问题请与本社联系调换

23.5°

23.5°

我的第一套
万物启蒙书 · 天文地理

漂移的大陆

蓝灯童画　编绘

山西出版传媒集团　山西人民出版社

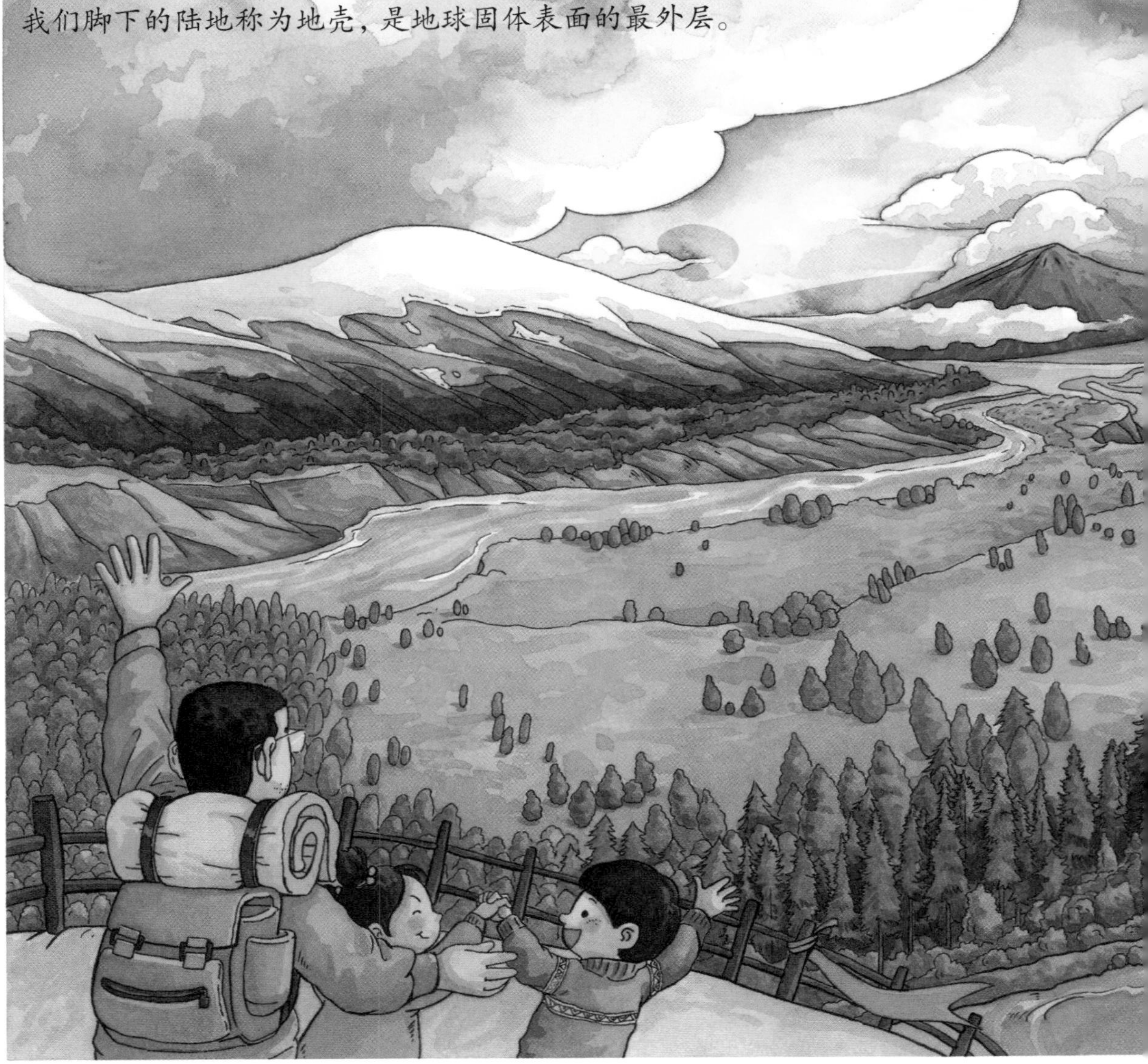

我们脚下的陆地称为地壳，是地球固体表面的最外层。

大约 2.2 亿年前，地球表面的陆地还是一片完整的大陆。

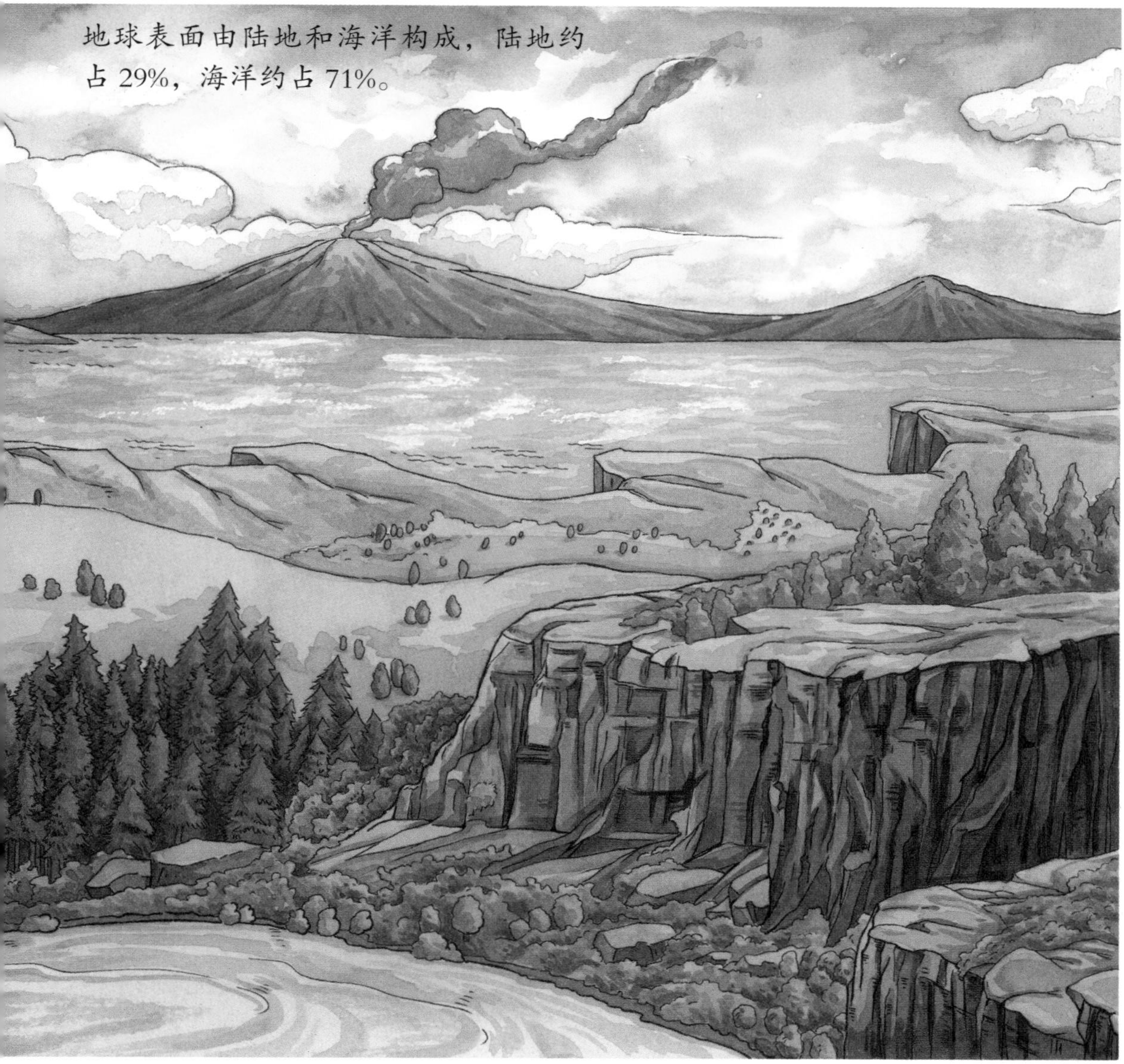
地球表面由陆地和海洋构成，陆地约
占 29%，海洋约占 71%。

我们脚下所站立的陆地，经过破裂、移动，到了今天的位置。

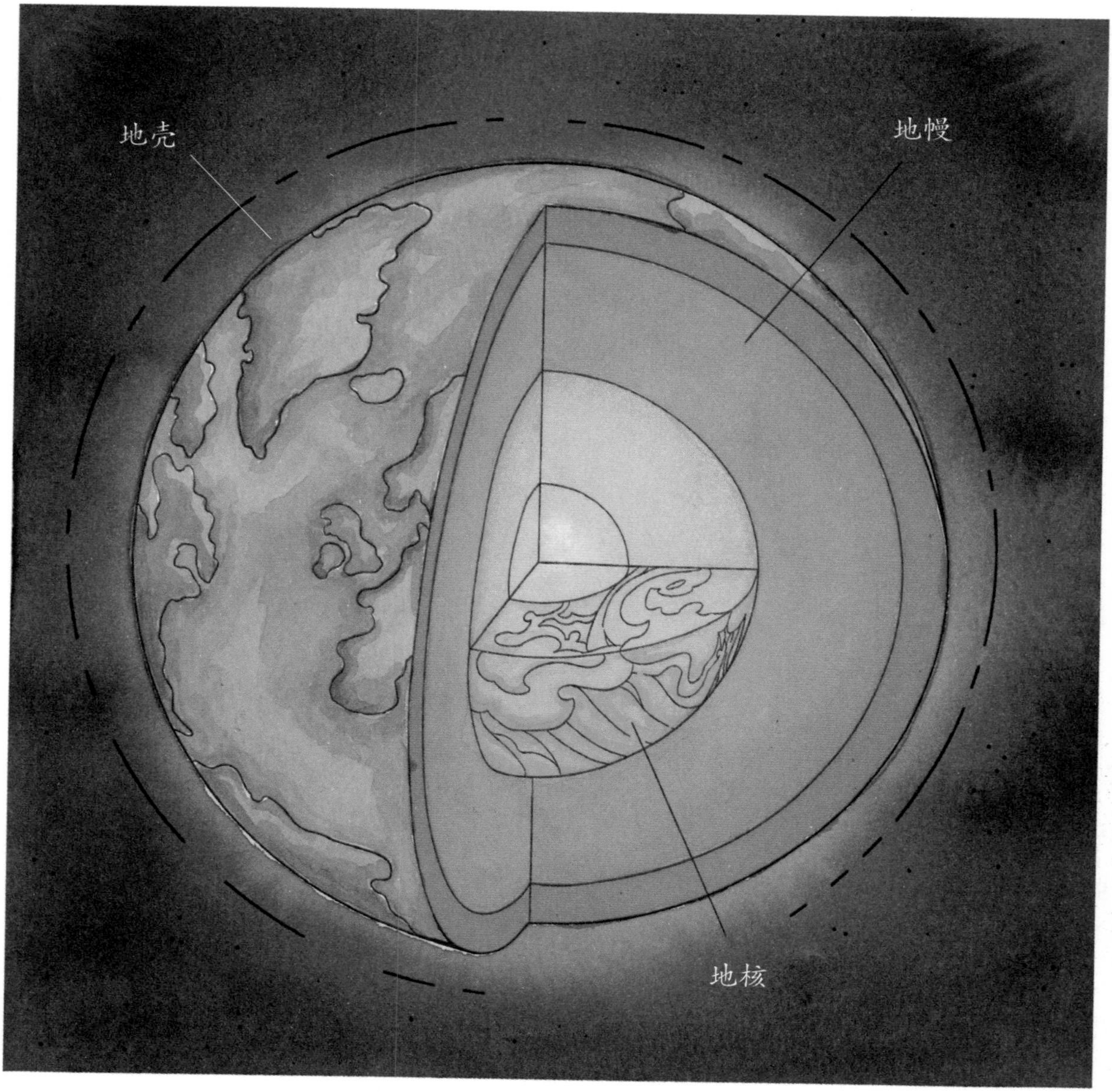

如果把地球比作鸡蛋，外边薄薄的一层蛋壳就是地壳，中间的蛋清就是地幔，最里面的蛋黄就是地核。地核分为外核和内核，一般认为，外核是液态的，内核是固态的。

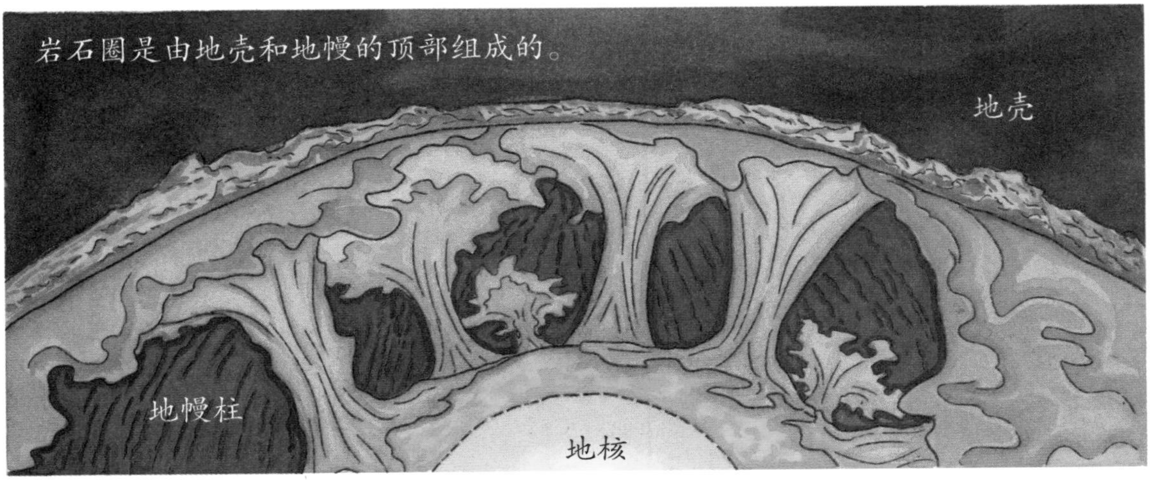

岩石圈是由地壳和地幔的顶部组成的。

六大板块有大有小。多数板块既包括海洋又包括陆地，只有太平洋板块是全部由海洋组成的板块。

科学家认为地球上的岩石圈构成六大板块，就像浮在水面上的冰层一样，这六大板块不是固定不动的，而是在缓慢地漂移。

板块拉开的地方长出了新的地壳。

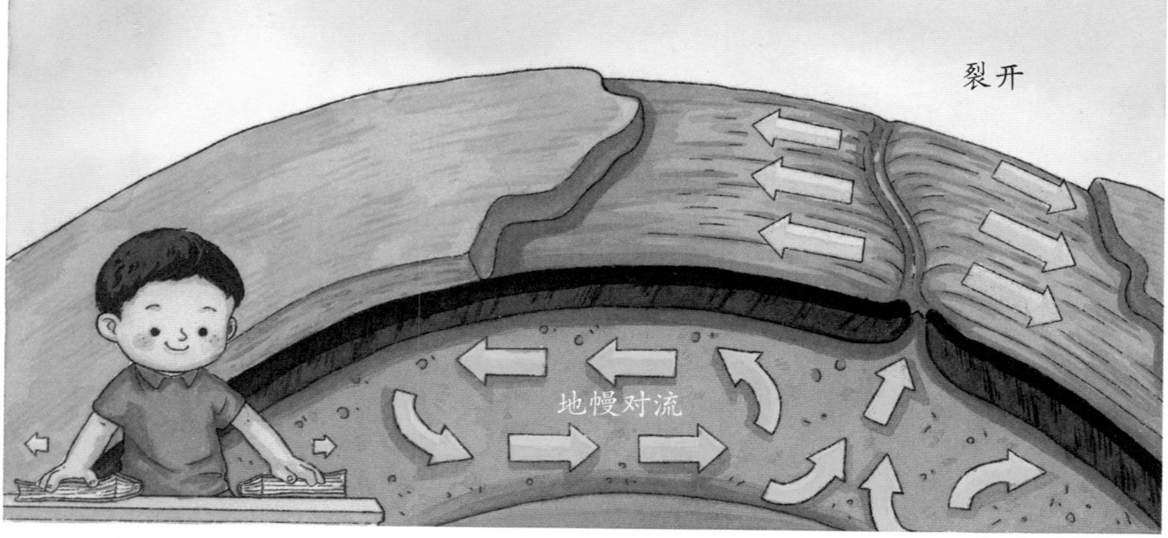

板块挤在一起，地壳产生褶皱。

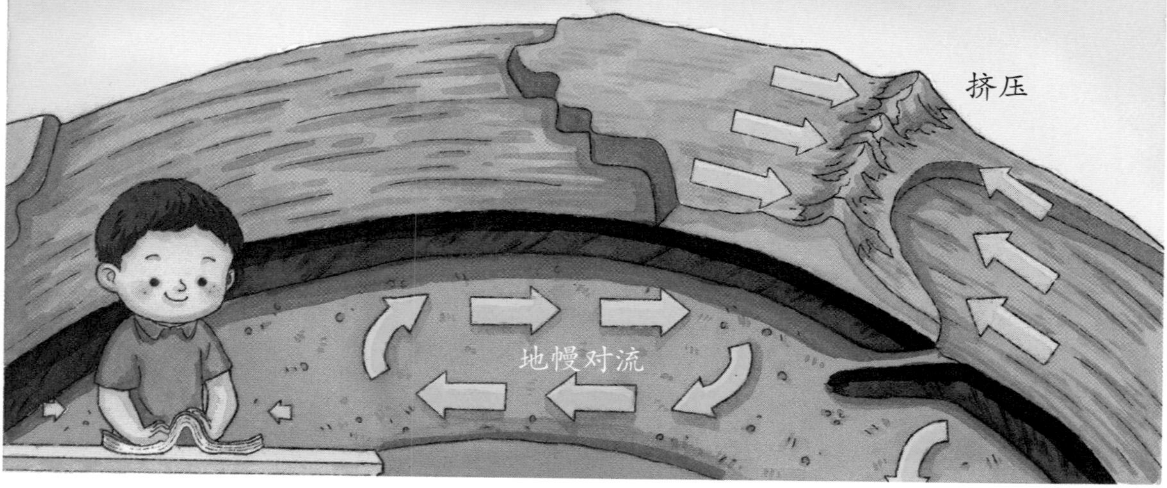

有人认为，地幔对流导致板块与板块之间裂开和挤压。

洋壳是大洋型地壳的简称，是指海洋底部的地壳。

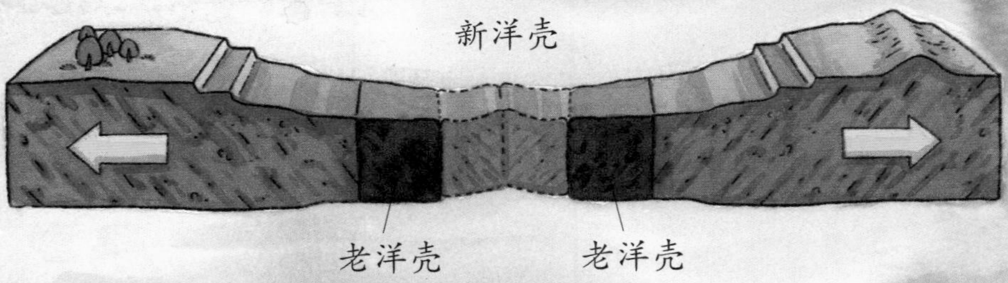

离散型边界：两侧板块分离拉开，上涌的物质冷凝形成新的洋壳。

汇聚型边界：板块推挤到一起，一个板块的边缘向另一个板块下面俯冲。

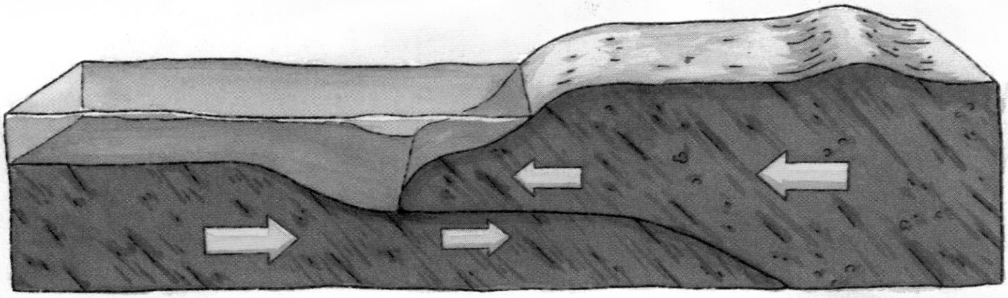

转换型边界：板块互相错动、滑移而没有分开或推挤。

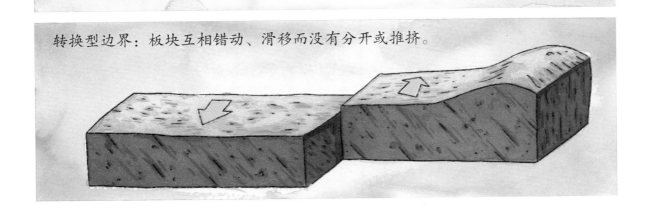

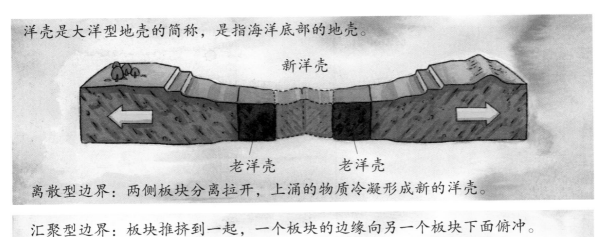

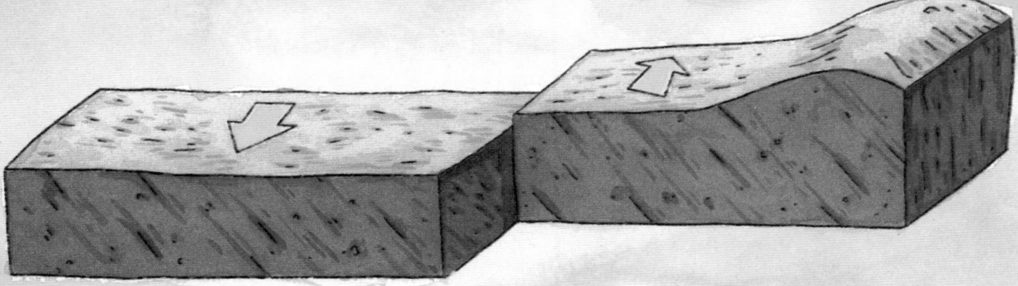

分开与推挤，形成不同的板块边界。

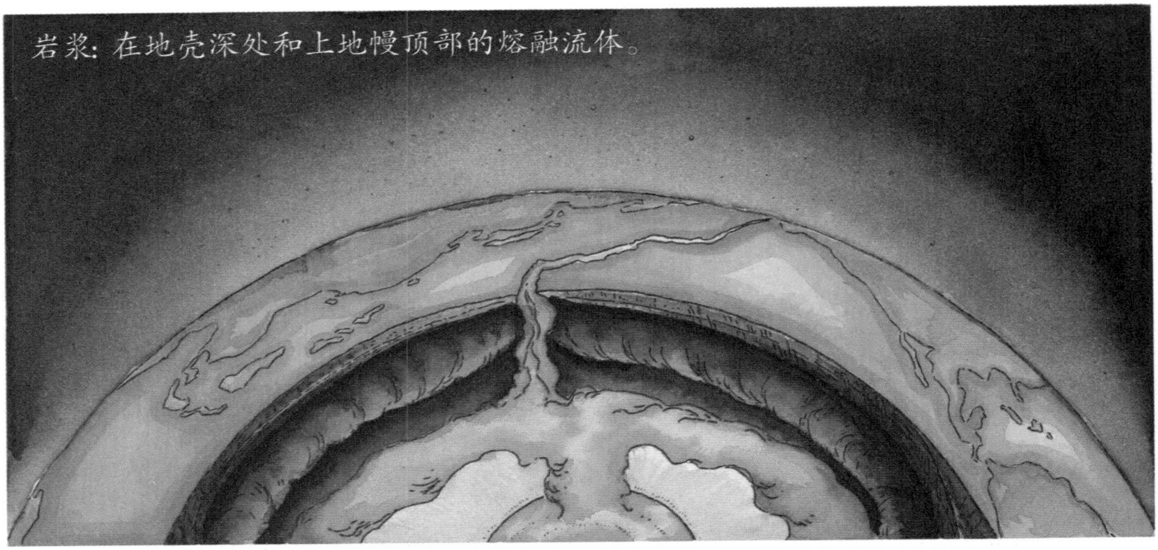

岩浆：在地壳深处和上地幔顶部的熔融流体。

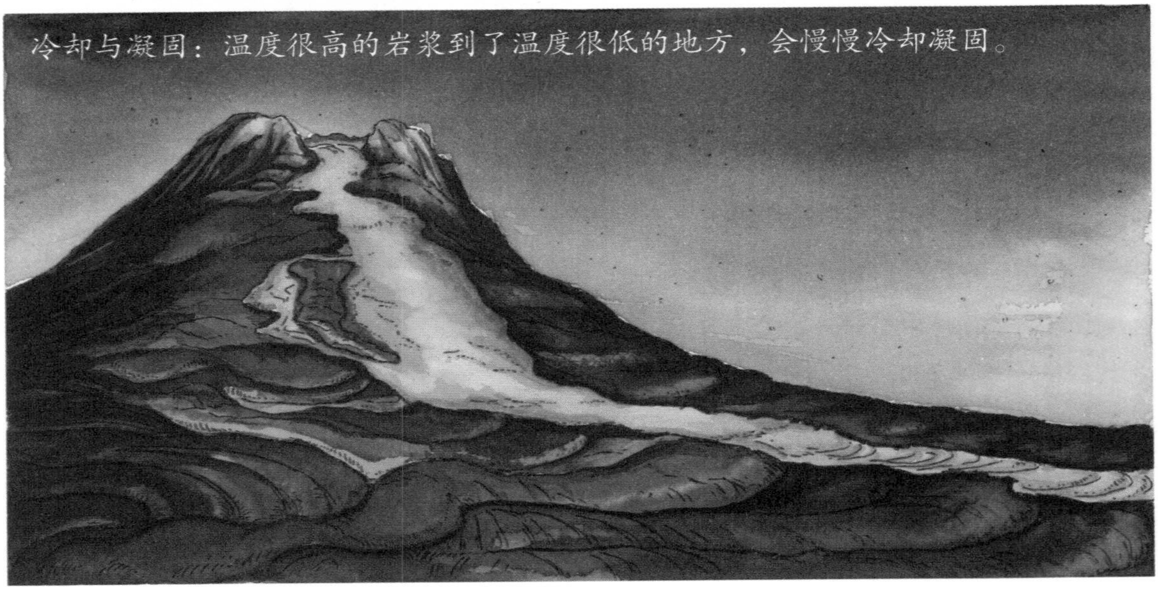

冷却与凝固：温度很高的岩浆到了温度很低的地方，会慢慢冷却凝固。

地壳被撕开，很多岩浆从裂缝中喷出。冷却凝固后的岩浆会形成新的地壳。这样的过程反复发生，裂谷就形成啦。

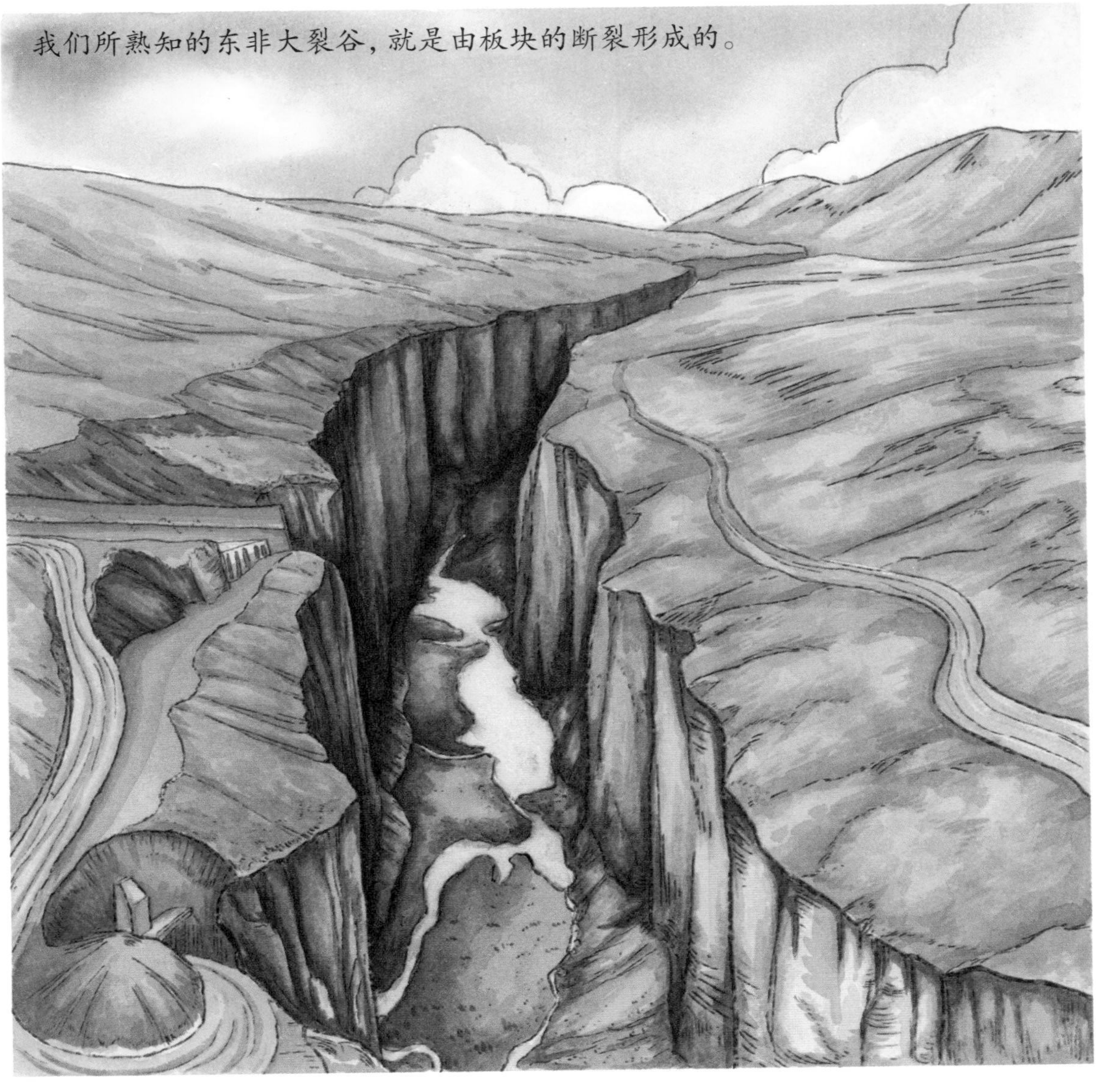

我们所熟知的东非大裂谷，就是由板块的断裂形成的。

裂谷就像是地球表面的大伤痕。

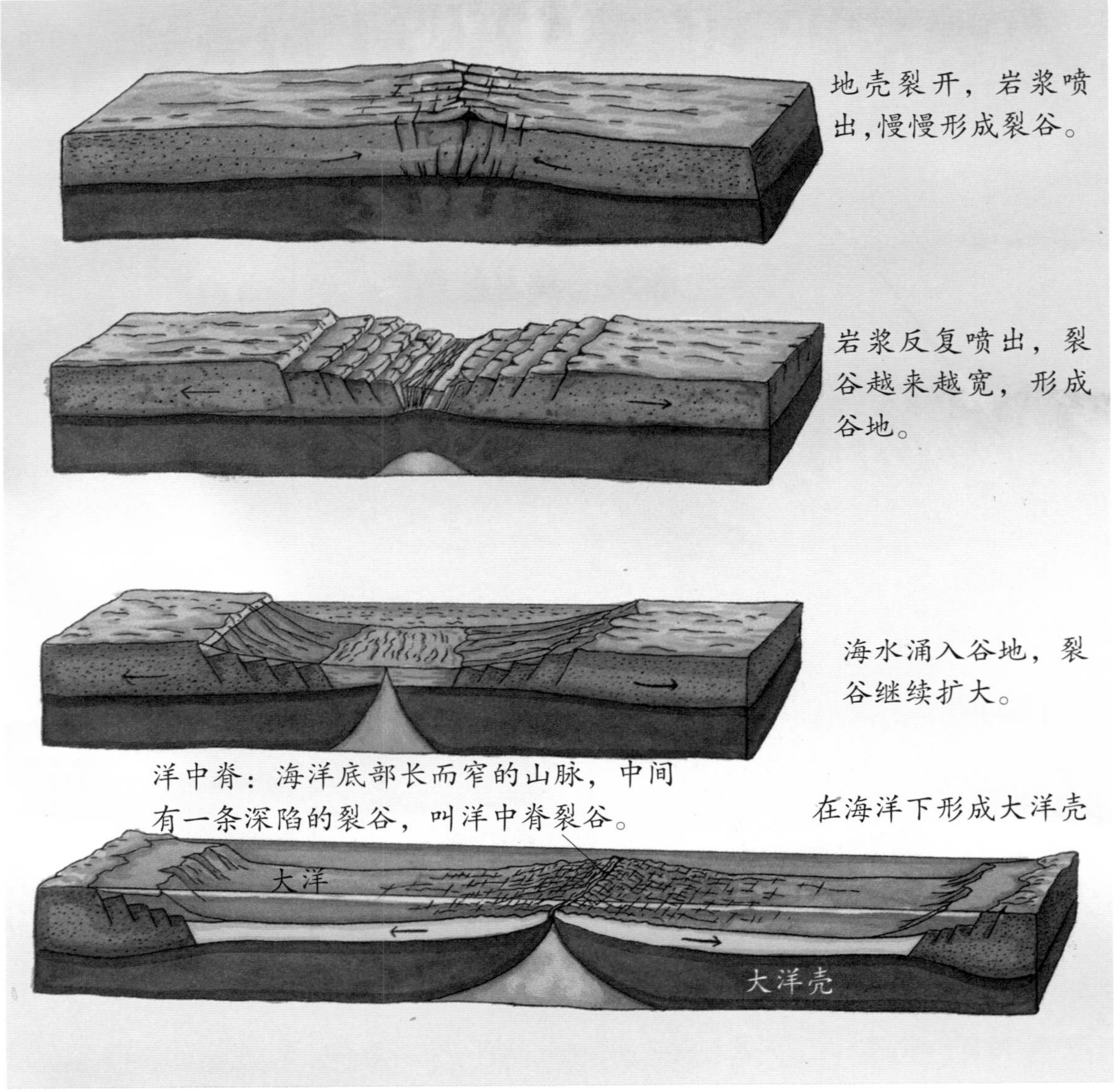
地壳裂开，岩浆喷
出，慢慢形成裂谷。
岩浆反复喷出，裂
谷越来越宽，形成
谷地。
海水涌入谷地，裂
谷继续扩大。
洋中脊：海洋底部长而窄的山脉，中间
有一条深陷的裂谷，叫洋中脊裂谷。
在海洋下形成大洋壳
大洋
大洋壳

裂谷张开，形成谷地，大量的水涌进谷地。同时，裂谷继续扩张变宽。

大西洋与太平洋相遇的地方，由于两大洋海水密度不同，因此有一条非常明显的分界线。

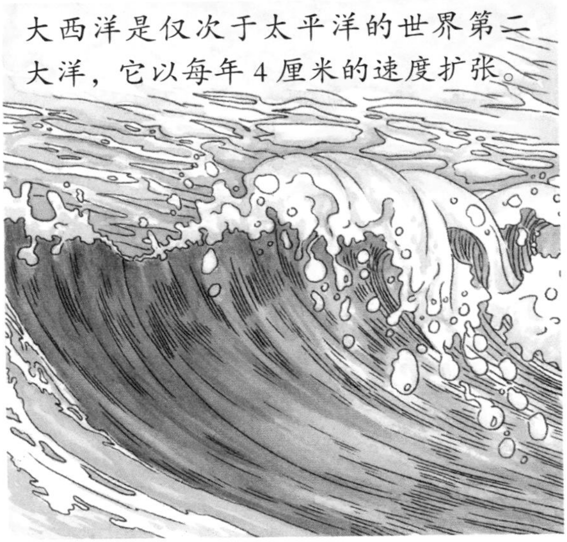

大西洋是仅次于太平洋的世界第二大洋，它以每年4厘米的速度扩张。

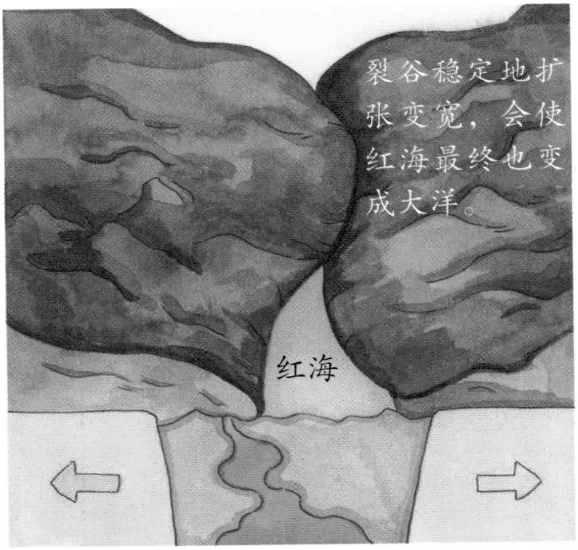

裂谷稳定地扩张变宽，会使红海最终也变成大洋。
红海

大西洋就是从大西洋中脊裂谷处开始扩张而形成的。

红海也形成于裂谷中。

印度洋板块与亚欧板块碰撞形成了喜马拉雅山脉，它是世界上最高的山脉。

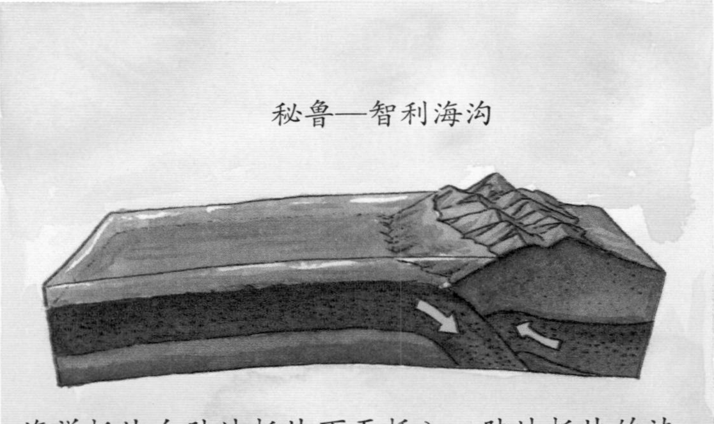

海洋板块向陆地板块下面插入，陆地板块的边缘会形成一系列褶皱山脉，如安第斯山脉、落基山脉。

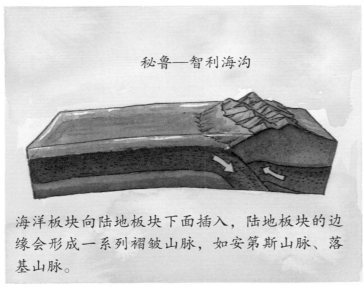

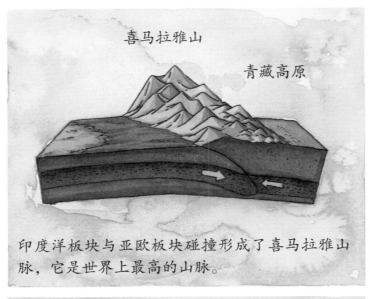

两个板块推挤到一起，会产生巨大褶皱，使地壳变厚，就会出现山脉。

随着时间的流逝，所有的山脉都会改变它们的模样。

山脉会因本身的重力而下沉，风吹雨打也会侵蚀山体的岩石。

海沟大体呈V形，两边陡，中间有个深深的凹地，一般分布在海洋的边缘，与大陆边缘平行。
大陆
边缘海
海面
海沟
地
幔

科学家认为所有的海沟都与地震有关，环太平洋地震带都在海沟附近。

当密度较大的海洋板块插到大陆板块的下面，两个板块的相互摩擦会形成长长的V形地带，这就是海沟。

由于水压太大，马里亚纳海沟下面的生物极少。
海洋中深度大于2千米的沟槽就是海沟，而马里亚纳海沟的深度是11千米。
马里亚纳海沟下面是冰冷坚硬的岩石层，它仍然处于地壳层上。

马里亚纳海沟，是地球表面最深的地方。

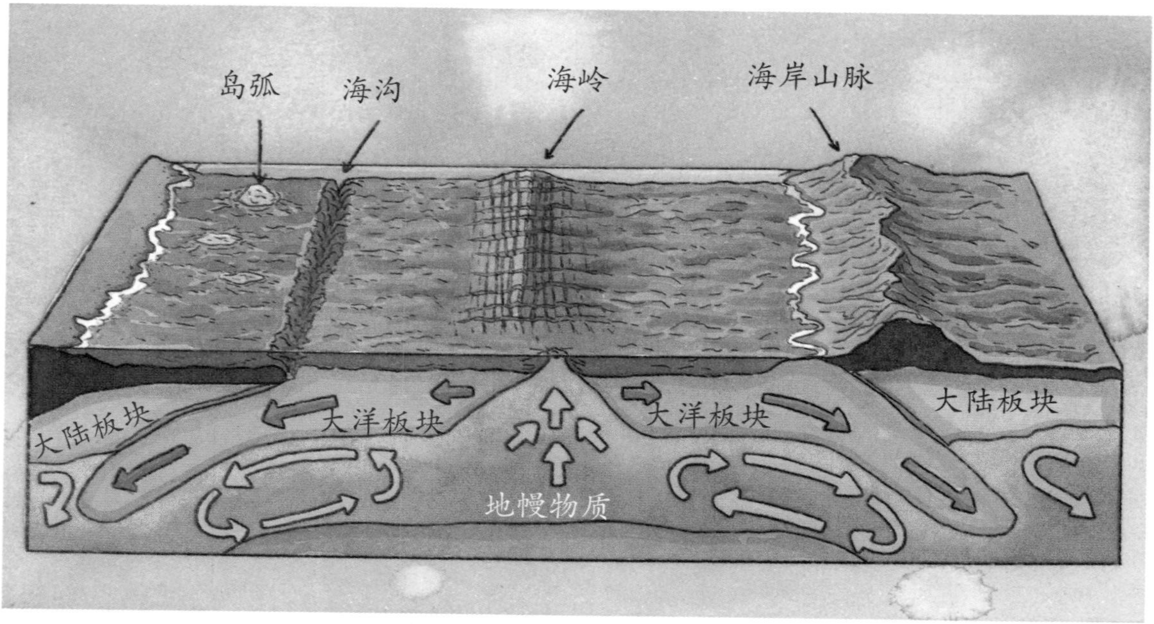

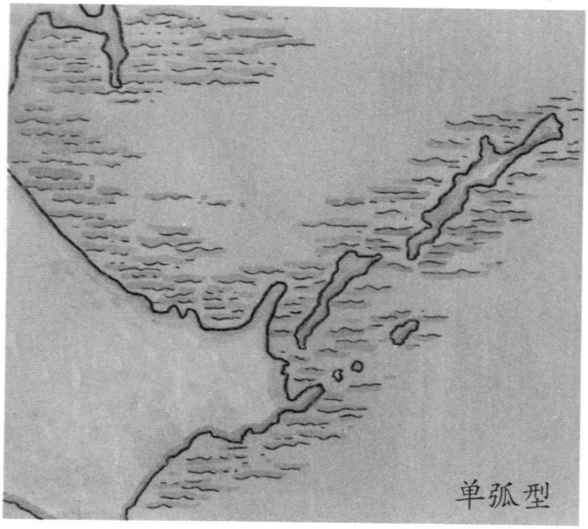

陆地板块与海洋板块的冲撞，还会形成岛屿。

不仅如此，岛屿还会“排队”呢，大陆边缘就有一长串呈弧形排列的岛屿，叫岛弧。

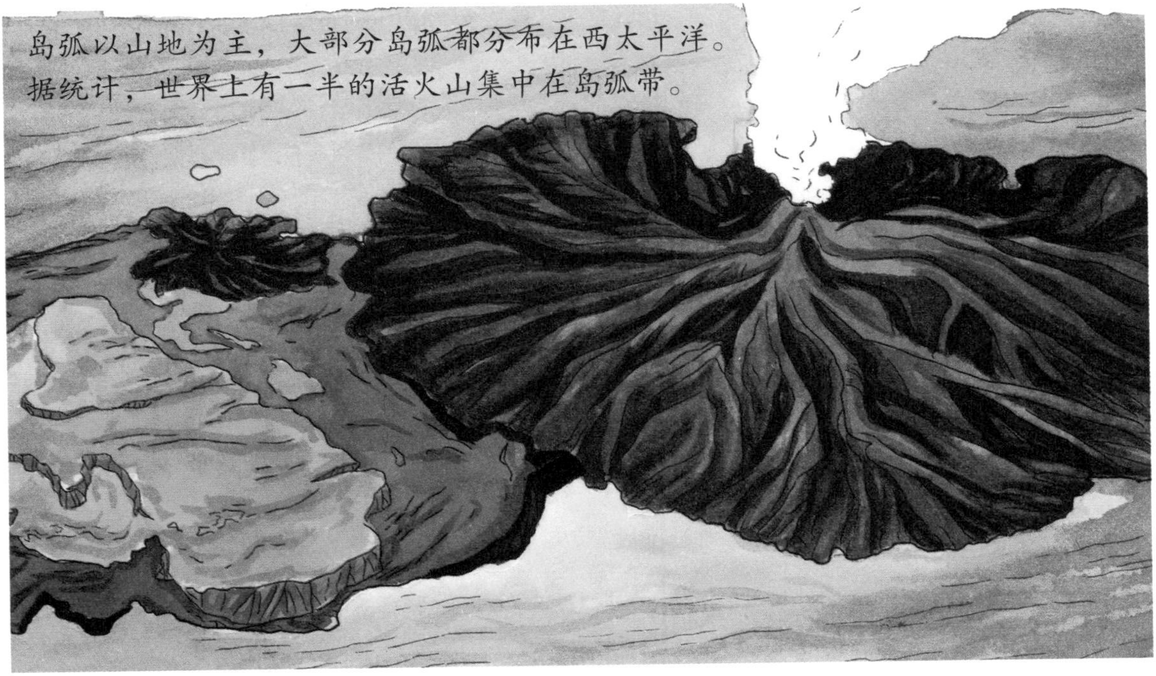

岛弧以山地为主，大部分岛弧都分布在西太平洋。
据统计，世界上有一半的活火山集中在岛弧带。

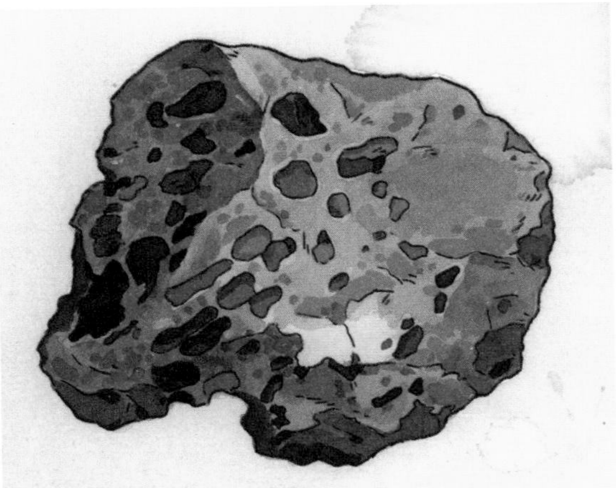

玄武石

花岗石

岛弧处在地震火山频发的板块交界地带，火山的喷发带来了丰富的矿产资源，因此，岛弧也是世界上矿产最丰富的地区。

火山爆发是不可预料的，因此活火山、死火山和休眠火山并没有严格的界限。
活火山
死火山
休眠火山

火山造就的山体和温泉是十分美丽的景色，美国的黄石公园就是自然赠予的神奇乐园，它是世界上最大的火山口之一。

火山常常位于板块交界的地壳薄弱地带，由地下熔融物质及其携带的固体碎屑冲出地表后堆积形成。大量的高温气体和熔岩从地幔上升，穿过地壳，巨大的压力会引发气体和熔岩的爆炸。

公元79年爆发的维苏威火山摧毁了庞贝古城。

火山喷发的景观十分壮观，但是历史上火山的喷发给人类带来了深重的灾难。

地中海—喜马拉雅山地震带和环太平洋地震带就处在两个板块的边缘地带。它们是世界上两大著名的地震、火山多发地带。

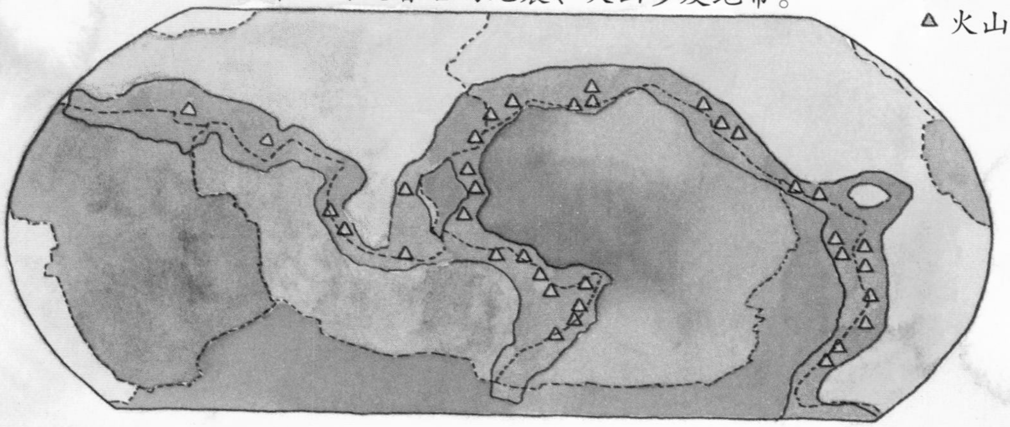

地震的源头是震源，震源的正上方是震中，即地面的地震中心。地震对震中地区的破坏力是最大的。

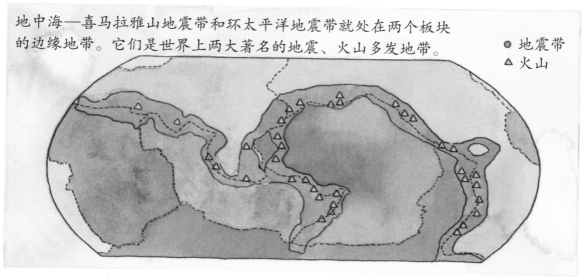

除了火山，地震也常常发生在板块交界处的薄弱地带，板块之间相互挤压，产生振动，造成地震。

地震会带来很多次生灾害，如山体滑坡、泥石流、建筑物崩塌、火灾、水灾等。1923 年日本关东大地震时，神奈川县发生泥石流，泥石顺山谷下滑远达 5 千米。

东汉科学家张衡发明了探测地震的仪器——地动仪。

地震往往瞬间发生，持续时间从几秒、十几秒到几分钟都有，破坏性极强。我们现在仍然无法准确地预测地震。

大部分海啸都是由海底地震引起的。我们可以想象往水中抛入一块石头所产生的圆形波纹。

2004年的印尼海啸给当地人们带来了巨大的损失。

海底地震会引发海啸。

板块的上升或下降会掀起巨大的水柱，并向两侧传播。

板块的运动使地球外观发生了奇妙的改变，真不知道很久以后，地球表面会变成什么样子。

图书在版编目（CIP）数据

我的第一套万物启蒙书. 天文地理 / 蓝灯童画编绘
. -- 太原：山西人民出版社，2023.2
ISBN 978-7-203-12667-6

Ⅰ. ①我… Ⅱ. ①蓝… Ⅲ. ①科学知识 – 儿童读物②天文学 – 儿童读物③地理学 – 儿童读物 Ⅳ. ① Z228.1 ② P1-49 ③ K90-49

中国国家版本馆 CIP 数据核字 (2023) 第 019441 号

我的第一套万物启蒙书. 天文地理

编　　绘：蓝灯童画
责任编辑：宣海丰
复　　审：傅晓红
终　　审：贺　权
装帧设计：言　诺

出 版 者：山西出版传媒集团・山西人民出版社
地　　址：太原市建设南路21号
邮　　编：030012
发行营销：0351-4922220　4955996　4956039　4922127（传真）
天猫官网：https://sxrmcbs.tmall.com　电话：0351-4922159
E - mail：sxskcb@163.com　发行部
　　　　　sxskcb@126.com　总编室
网　　址：www.sxskcb.com

经 销 者：山西出版传媒集团・山西人民出版社
承 印 厂：三河市金兆印刷装订有限公司

开　　本：787mm × 1092mm　1/16
印　　张：14
字　　数：96千字
版　　次：2023年2月　第1版
印　　次：2023年2月　第1次印刷
书　　号：ISBN　978-7-203-12667-6
定　　价：168.00元（全8册）

23.5°

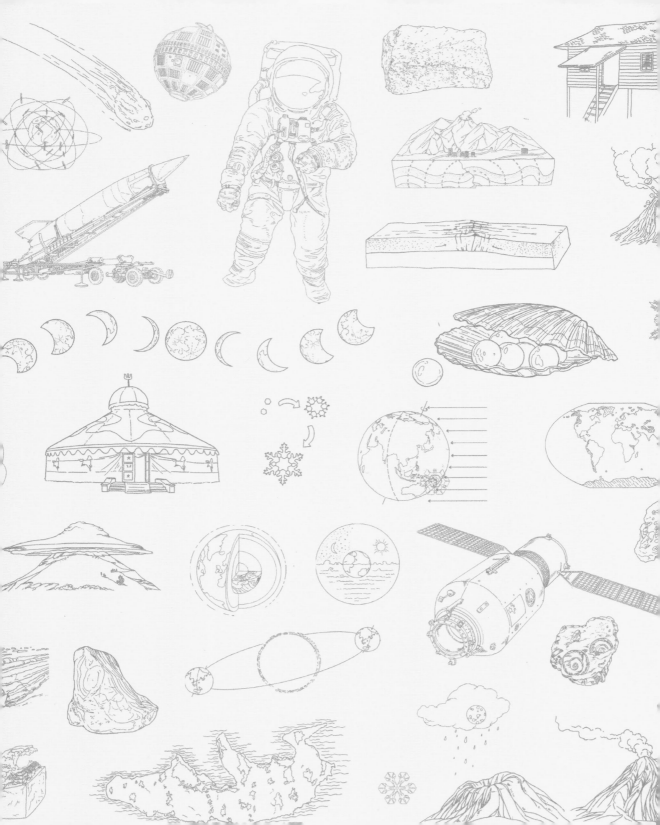

23.5°

我的第一套
万物启蒙书 · 天文地理
闪闪发光银河系

蓝灯童画 编绘

山西出版传媒集团 山西人民出版社

在北半球的夏夜，星星特别密集，这是银河系的中心。

在北半球的冬夜，星星看起来就少很多，这是银河系的外缘。

晴朗的夏夜，如果在远离城市和灯光的地方仰望星空，我们会看到天空中有一条由无数星星组成的光带，这就是银河系。

虽然银河系里有无数个像太阳那样发光
发热的恒星，但因为离地球太遥远了，
所以整个银河系看上去仍然像一片云雾。

银河系由无数颗恒星汇聚而成。

中国古代神话中，银河是一条分隔牛郎和织女的天河。

西方古代神话中，银河系是一条流淌在天上的乳汁河。

古时候，人们并不知道这条光带是什么，怎么来的，于是想象出很多的故事。

天文望远镜是现代天文学的基础，我们所知道的关于太空的一切信息，大部分是通过天文望远镜发现的。

1609 年，伽利略通过天文望远镜观测发现，银河是由无数颗星星组成的。

银河系是一个棒旋星系，呈椭圆盘形。

其实银河系并不像一条河，从它的正上方看过去，它更像一个盘子，或者在热水中旋转的荷包蛋。

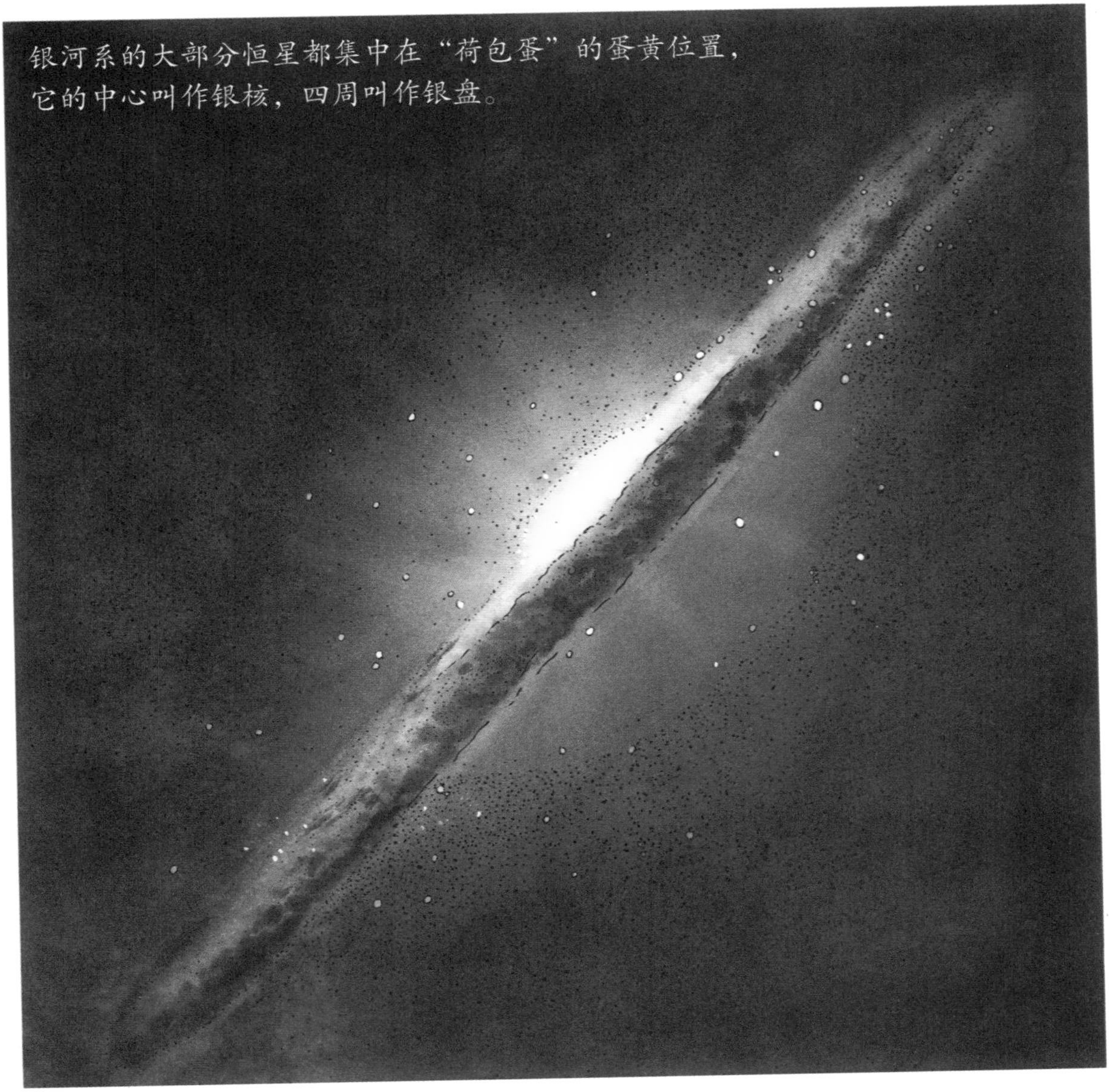

银河系的大部分恒星都集中在“荷包蛋”的蛋黄位置，
它的中心叫作银核，四周叫作银盘。

它的侧面薄薄的，像盘子和荷包蛋的侧面一样。我们居住的地球在银河系的里面，所以我们看到的银河，一直都是它侧面的一部分。

不同演化阶段的恒星，颜色也不一样，蓝色是新生的恒星，
黄色和红色是中年和老年阶段的恒星。
黑洞
中子星
白矮星
天鹰星云

银河系包含着不同演化阶段的天体，从孕育恒星的星云，到生机勃勃的恒星，再到恒星的生命终点——黑洞、中子星和白矮星。

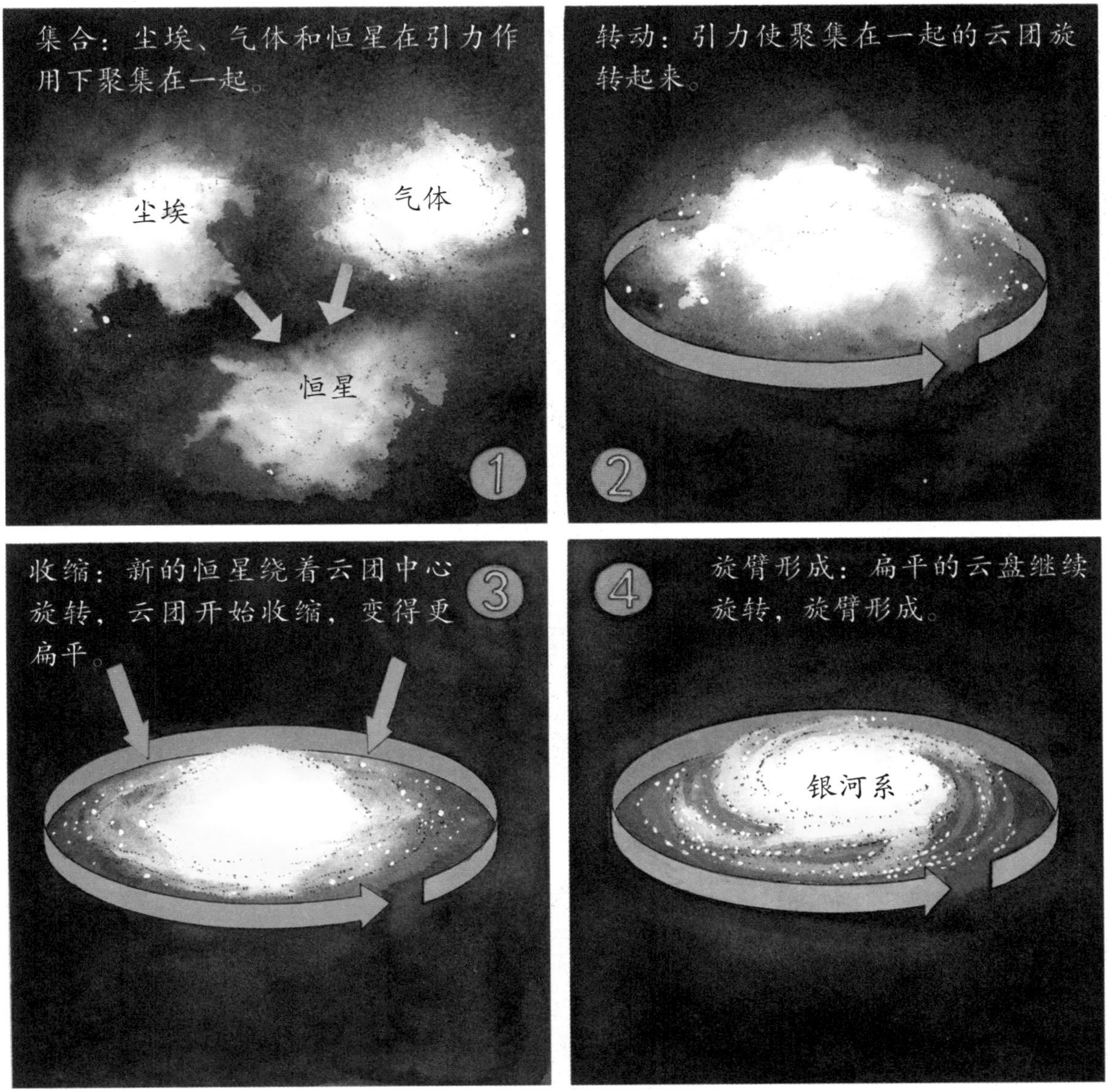

集合：尘埃、气体和恒星在引力作用下聚集在一起。
尘埃
气体
恒星
1
转动：引力使聚集在一起的云团旋转起来。
2
收缩：新的恒星绕着云团中心旋转，云团开始收缩，变得更扁平。
3
4
旋臂形成：扁平的云盘继续旋转，旋臂形成。
银河系

有些科学家认为，是恒星的引力把宇宙中的尘埃和气体聚集在一起，旋转收缩，最后形成了这样一个大旋涡。

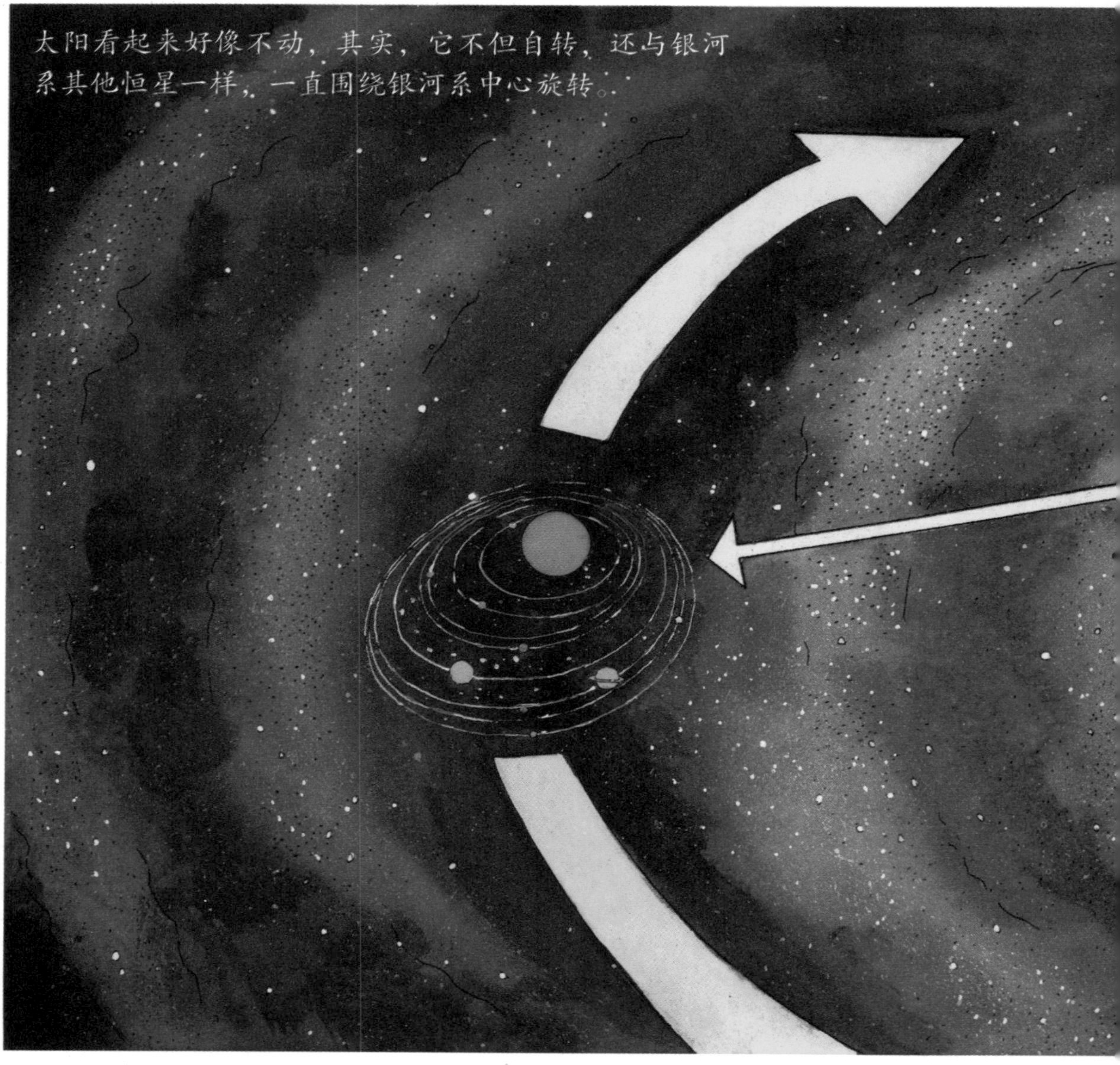

太阳看起来好像不动，其实，它不但自转，还与银河系其他恒星一样，一直围绕银河系中心旋转。

我们居住的太阳系，是银河系中一个小小的恒星系统。
它和银河系中千千万万的恒星系统一样，都围绕着银河系中心旋转。

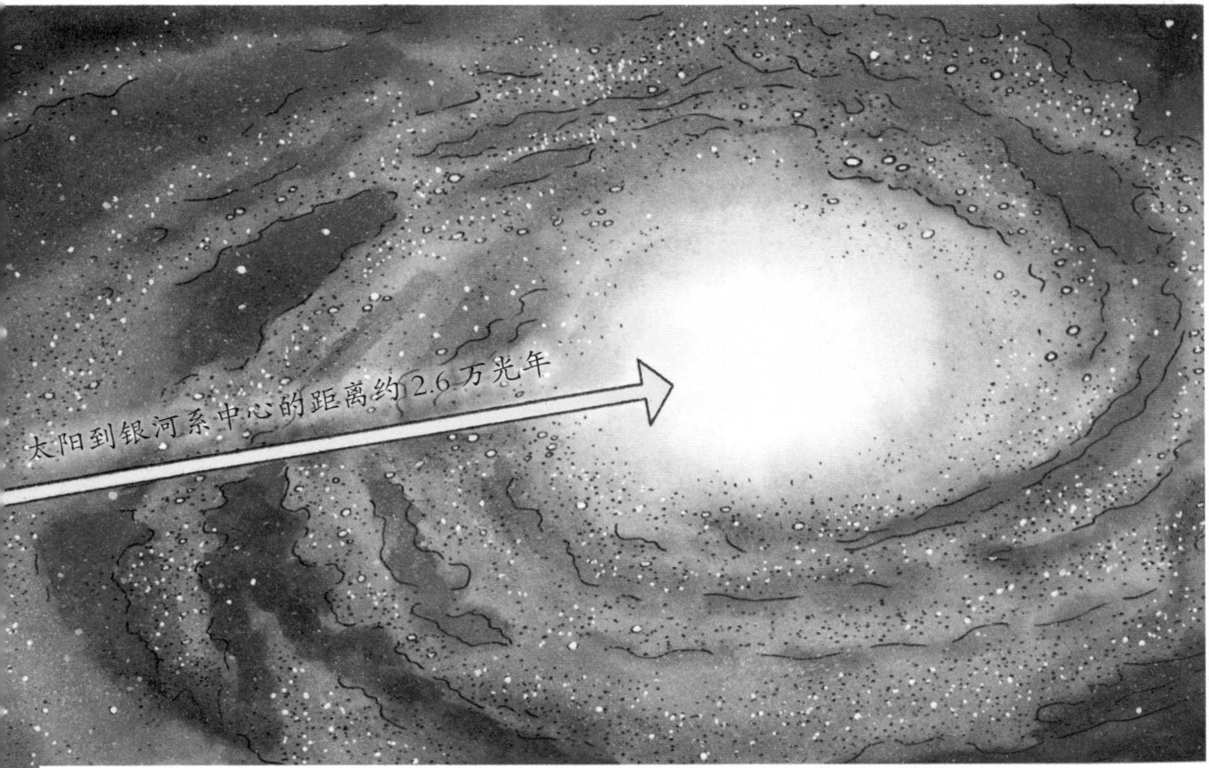
太阳到银河系中心的距离约2.6万光年

光年是光在真空中1年内走过的路程。银河系的直径约为10万光年。

太阳到银河系中心的距离非常遥远，我们无法用日常的计量单位来计算这个距离。为此，科学家专门使用了一种测量宇宙空间距离的单位:光年。

仙女星系是银河星系最大的邻居，
看上去它也是一个大旋涡。

宇宙里还有没有像银河系一样的其他星系呢？最初，人们认为银河系就是整个宇宙。

后来，人们不但发现了仙女星系，还在南半球的夜空发现了大、小麦哲伦星系。它们都是银河系的邻居。

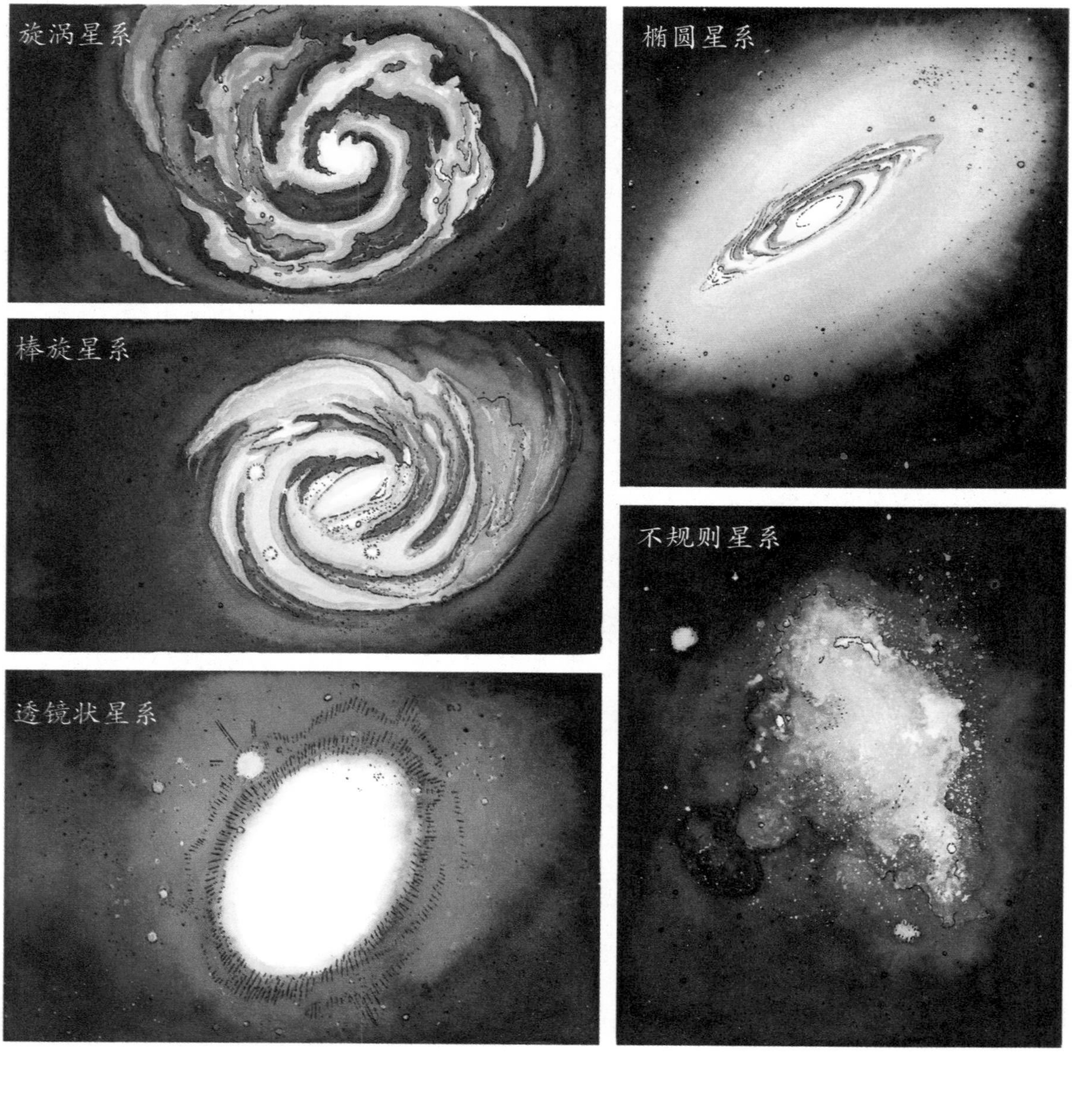

宇宙中的星系，有各种各样的形状，大致可以分为五类：旋涡星系、棒旋星系、椭圆星系、透镜状星系和不规则星系。

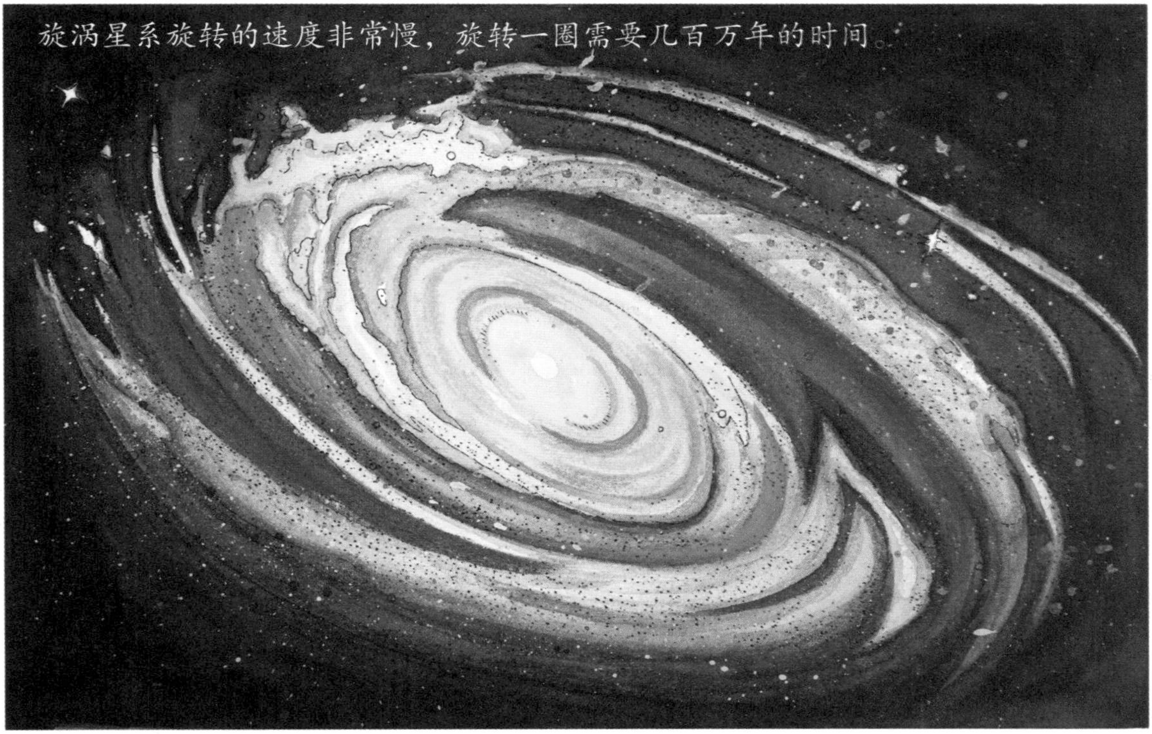

旋涡星系旋转的速度非常慢，旋转一圈需要几百万年的时间。

理想状态的旋涡星系，应该是所有天体整齐排列成一圈又一圈的椭圆轨道，围绕着星系核心运行。

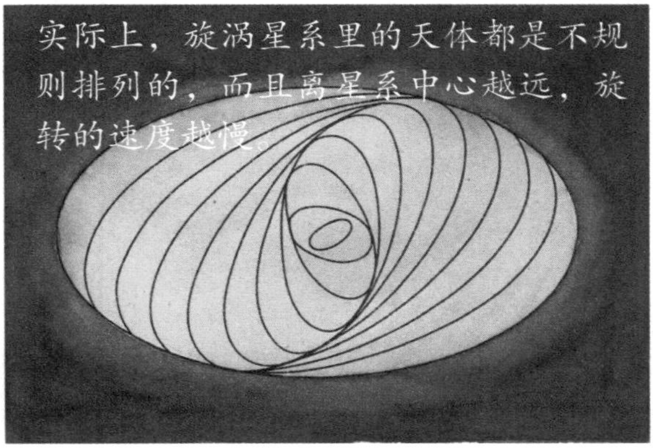

实际上，旋涡星系里的天体都是不规则排列的，而且离星系中心越远，旋转的速度越慢。

旋涡星系是由恒星、尘埃和气体等组成的旋涡，中间的核心像一颗压扁的球。

NGC 1300 是典型的棒旋星系，恒星都集中在旋臂上。

棒旋星系看上去像旋转的木棒，棒梢还拖着长长的云气。

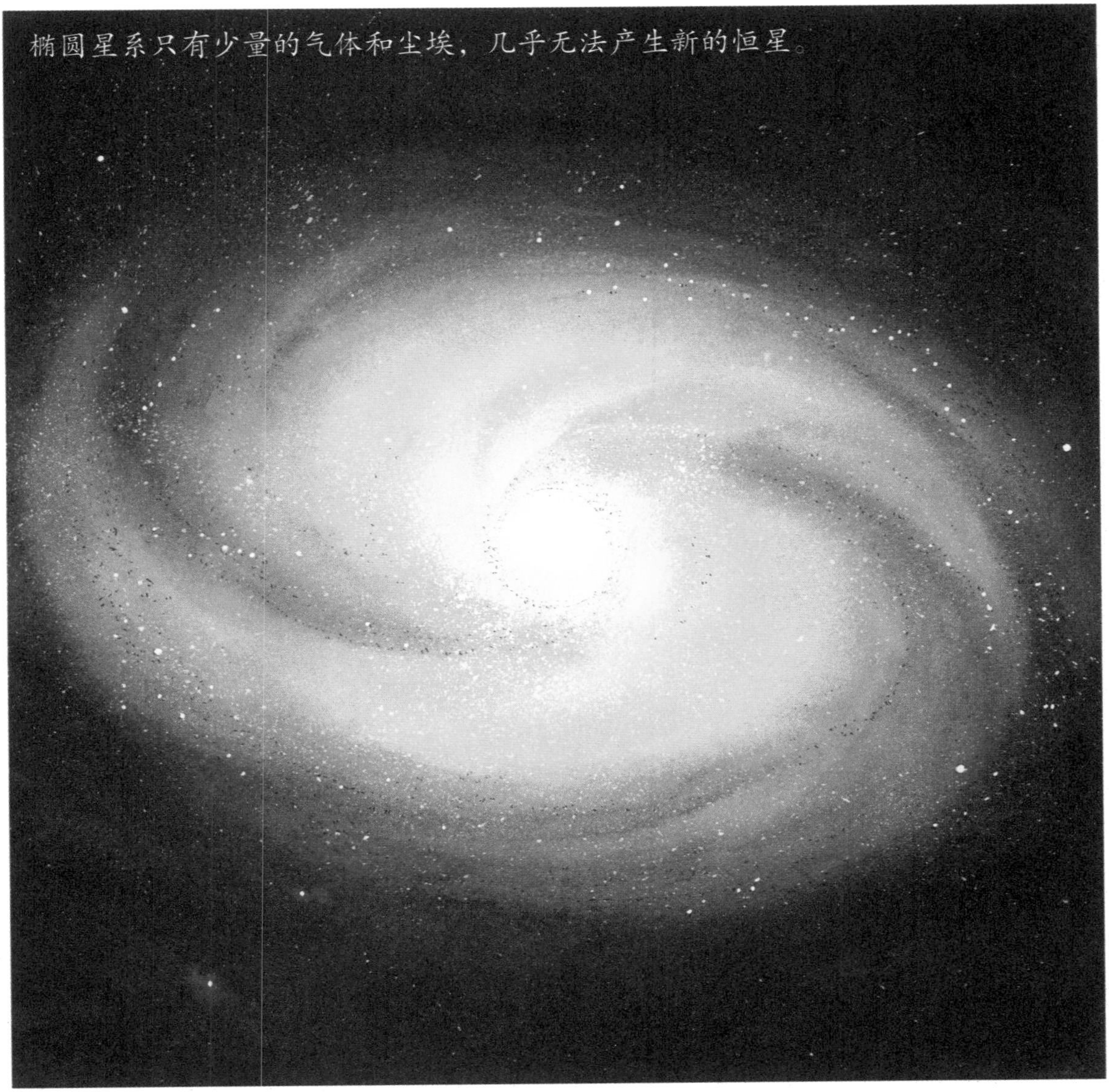

椭圆星系只有少量的气体和尘埃，几乎无法产生新的恒星。

椭圆星系通常由年老的红色和黄色恒星组成，外形呈椭圆形。

不规则星系通常是由星系碰撞产生的。
大小麦哲伦星系就是典型的不规则星系。

不规则星系就像它的名字一样，并没有一个具体的形状，里面包含着大量的气体、尘埃和蓝色的年轻恒星。

透镜状星系就像一片不带镜框的眼镜片。它是旋涡星系向椭圆星系过渡的一种状态。

几个年轻的旋涡星系，里面包含很多新生的恒星。
在星系内，恒星之间的距离很大，所以两个星系互相碰撞并不会造成很大的破坏，星系也不会碎裂，只是形状可能会改变。

星系的形状和状态并不是永远不变的。

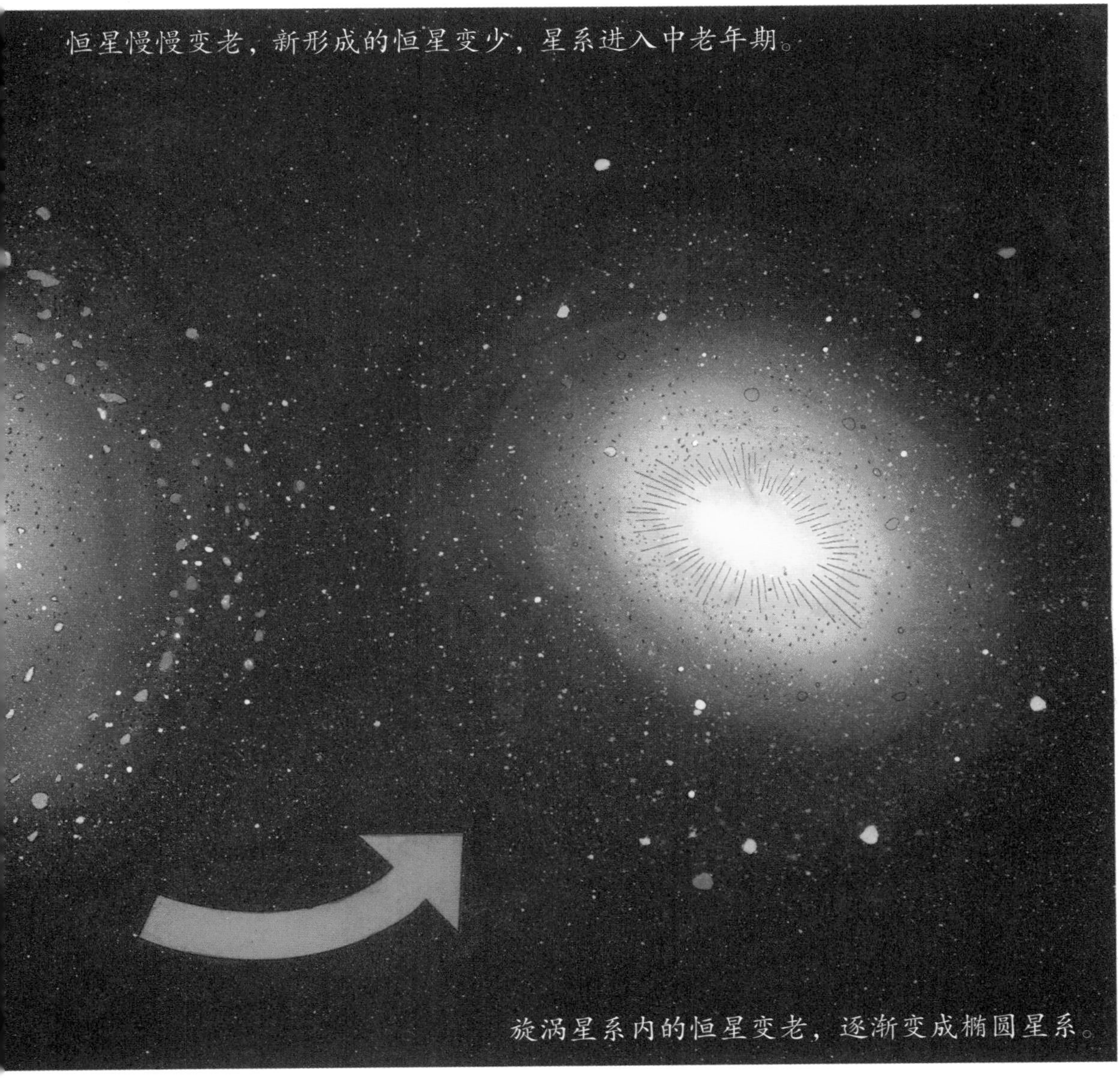

恒星慢慢变老，新形成的恒星变少，星系进入中老年期。
旋涡星系内的恒星变老，逐渐变成椭圆星系。

在漫长的时间长河中，有些星系越来越近，甚至发生碰撞，形状会发生改变。许多小型旋涡星系发生碰撞后，构成大型椭圆星系。

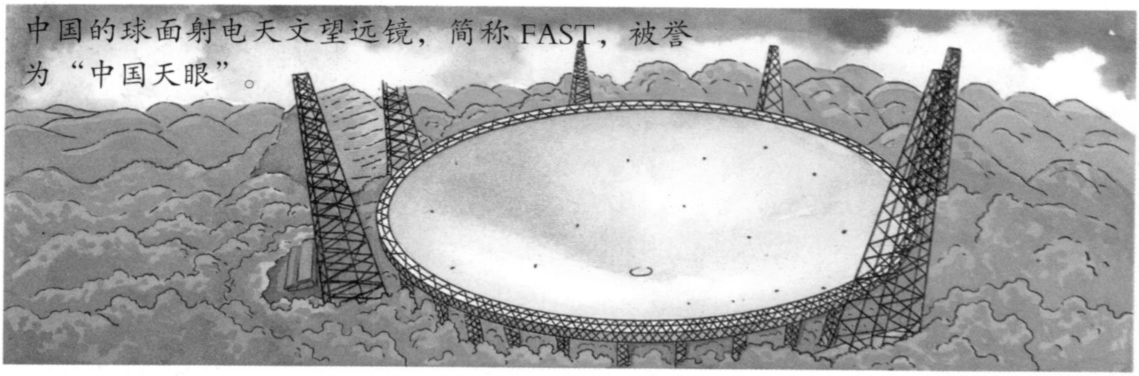

中国的球面射电天文望远镜，简称FAST，被誉为“中国天眼”。

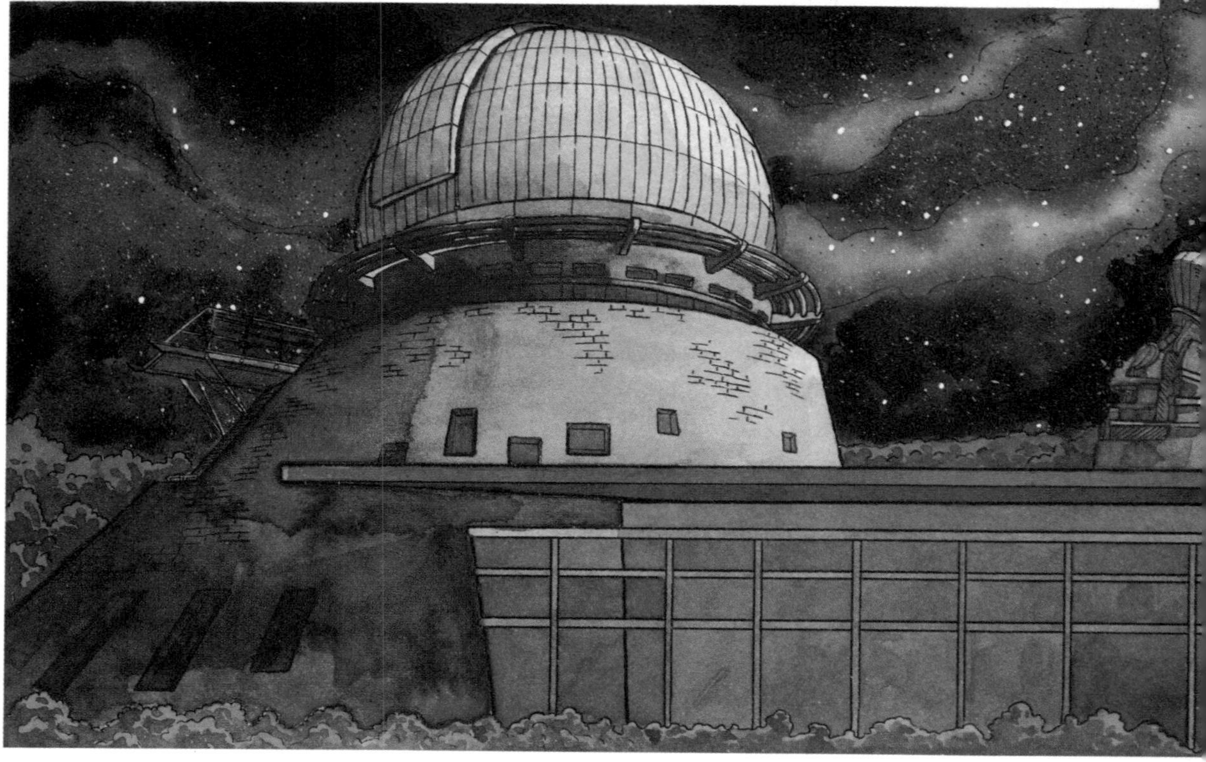

现在，人们建了很多天文台。

通过更先进的望远镜，天文学家们不仅能观测更辽阔的宇宙，还能接收来自浩渺宇宙里的信号。

图书在版编目（CIP）数据

我的第一套万物启蒙书．天文地理 / 蓝灯童画编绘
．-- 太原：山西人民出版社，2023.2
ISBN 978-7-203-12667-6

Ⅰ．①我… Ⅱ．①蓝… Ⅲ．①科学知识 - 儿童读物②
天文学 - 儿童读物③地理学 - 儿童读物 Ⅳ．① Z228.1
② P1-49 ③ K90-49

中国国家版本馆 CIP 数据核字 (2023) 第 019441 号

我的第一套万物启蒙书．天文地理

编　　绘：蓝灯童画
责任编辑：宣海丰
复　　审：傅晓红
终　　审：贺　权
装帧设计：言　诺

出 版 者：山西出版传媒集团·山西人民出版社
地　　址：太原市建设南路21号
邮　　编：030012
发行营销：0351－4922220　4955996　4956039　4922127（传真）
天猫官网：https://sxrmcbs.tmall.com　电话：0351－4922159
E－mail：sxskcb@163.com　发行部
sxskcb@126.com　总编室
网　　址：www.sxskcb.com

经 销 者：山西出版传媒集团·山西人民出版社
承 印 厂：三河市金兆印刷装订有限公司

开　　本：787mm×1092mm　1/16
印　　张：14
字　　数：96千字
版　　次：2023年2月　第1版
印　　次：2023年2月　第1次印刷
书　　号：ISBN　978－7－203－12667－6
定　　价：168.00元（全8册）

23.5°

23.5°

我的第一套

万物启蒙书 · 天文地理

地形和地貌

蓝灯童画　编绘

山西出版传媒集团　山西人民出版社

地形地貌是指地表高低起伏的变化形态，
人们通常将陆地地形分为：高原、山地、
平原、丘陵、盆地五大基本类型。
冰川
山
河流
瀑布
分水岭
河谷
支流
平原
河流
海滩
三角洲
拦沙坝

亿万年来，我们的地球表面发生了巨大的变化。

我们现在的地貌是地球内动力和外动力长期共同作用的结果。地球的内动力可以造成地壳运动、岩浆活动和地震等，它使地面变得凹凸不平；地球外动力是由流水、风力产生的侵蚀、搬运、堆积作用，它使地面趋向平坦。

海底上升变成了高山，高山下沉变成了海洋，风卷起风沙堆积成沙漠，河水冲积形成平原。

珠穆朗玛峰是世界上最高的山峰。

因地壳板块相互挤压，地面上升而形成的青藏高原被称为“世界屋脊”和“地球第三极”，是地球上离天空最近的地方。但是在 2.8 亿年前，这里曾是波涛汹涌的辽阔海洋。

青藏高原是世界上最高的高原。
青藏高原也是很多野生动物的家园，这里有旱獭、雪豹、岩羊、猞猁、兔狲、藏羚羊、藏狐、野牦牛、小熊猫等珍稀野生物种。

青藏高原不但有常年不化的积雪和冰川，还有肥沃的草原。青藏高原上的湖泊占我国湖泊总面积的一半。

东非大裂谷是非洲板块和印度洋板块断层
之间狭长的凹陷地带。

大概3000万年前，地壳运动撕裂了非洲大陆，形成了巨大的峡谷。河流也被截断，变成瀑布坠入谷底，在谷底形成一串美丽的湖泊。

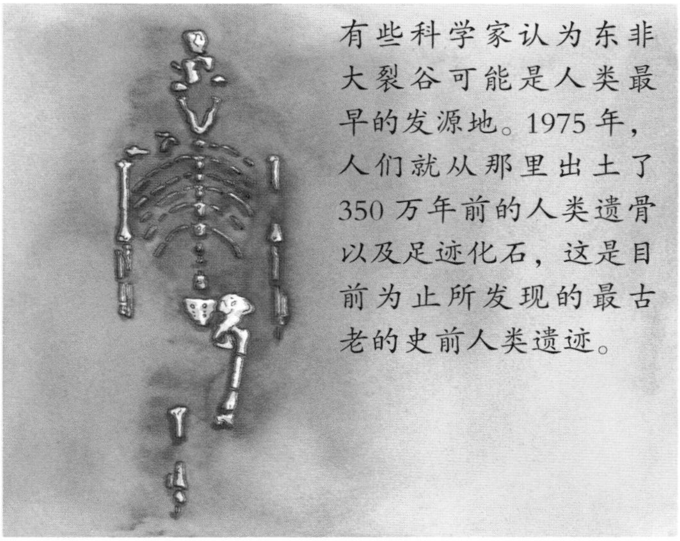

有些科学家认为东非大裂谷可能是人类最早的发源地。1975 年，人们就从那里出土了 350 万年前的人类遗骨以及足迹化石，这是目前为止所发现的最古老的史前人类遗迹。

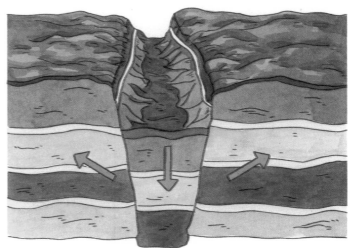

东非大裂谷是地球上最长的裂谷，底部是一条带状的低地，夹嵌在两侧的高原之间。

风力对地貌形成的作用主要表现为侵蚀和堆积。
风力侵蚀

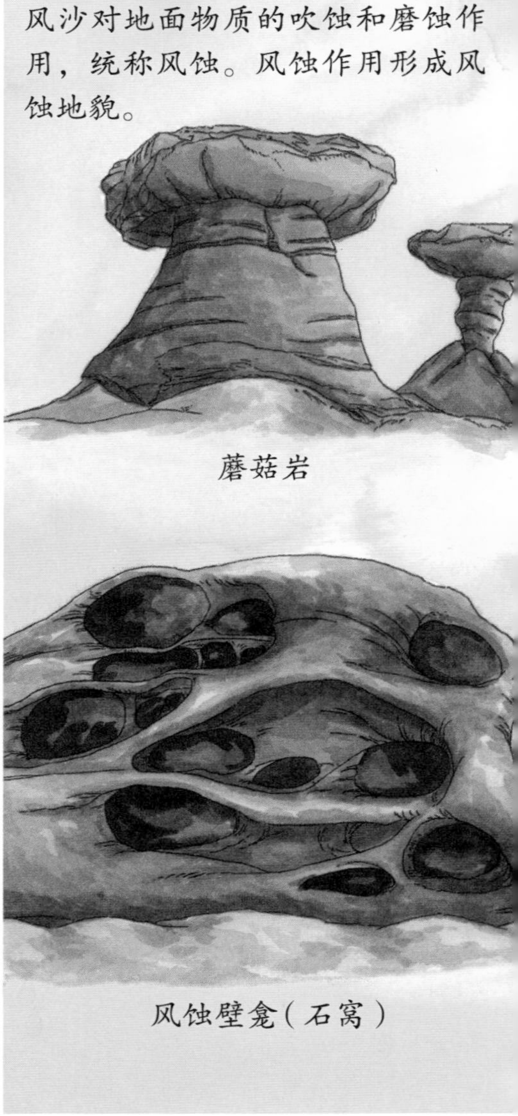

风沙对地面物质的吹蚀和磨蚀作用，统称风蚀。风蚀作用形成风蚀地貌。
蘑菇岩
风蚀壁龛（石窝）

风把易碎、软弱的岩层慢慢吹蚀，形成孤立突起的坚硬岩柱，即风蚀柱；有的风蚀柱头大茎小，形似蘑菇，就是蘑菇岩。

风蚀蘑菇、风蚀柱、雅丹地貌等统称为风蚀地貌。

我国的黄土高原是世界上黄土分布最集中，覆盖厚度最深，面积最大的黄土区域。多年来，由于受到水流冲刷、风蚀和其他作用力的影响，黄土高原沟谷众多，呈千沟万壑之貌。

黄土高原形成于 800 万年前，有人说这里原本是巨大的湖泊，由于地壳作用，湖底抬升，加上湖的西岸是广袤的沙漠，多年来吹到湖里的沙子露出水面，形成黄土层。

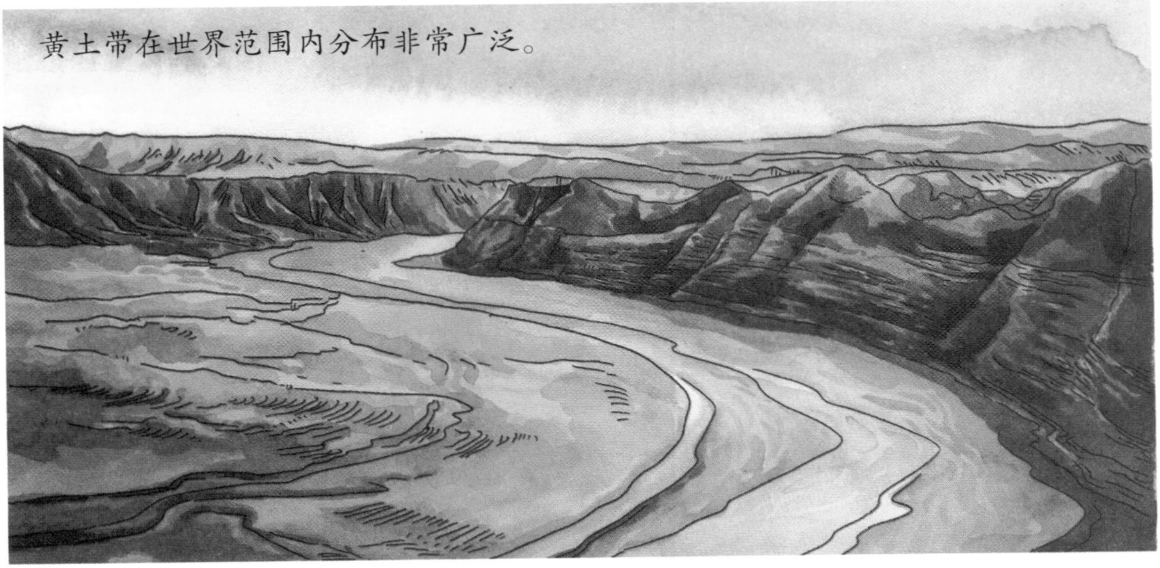
黄土带在世界范围内分布非常广泛。

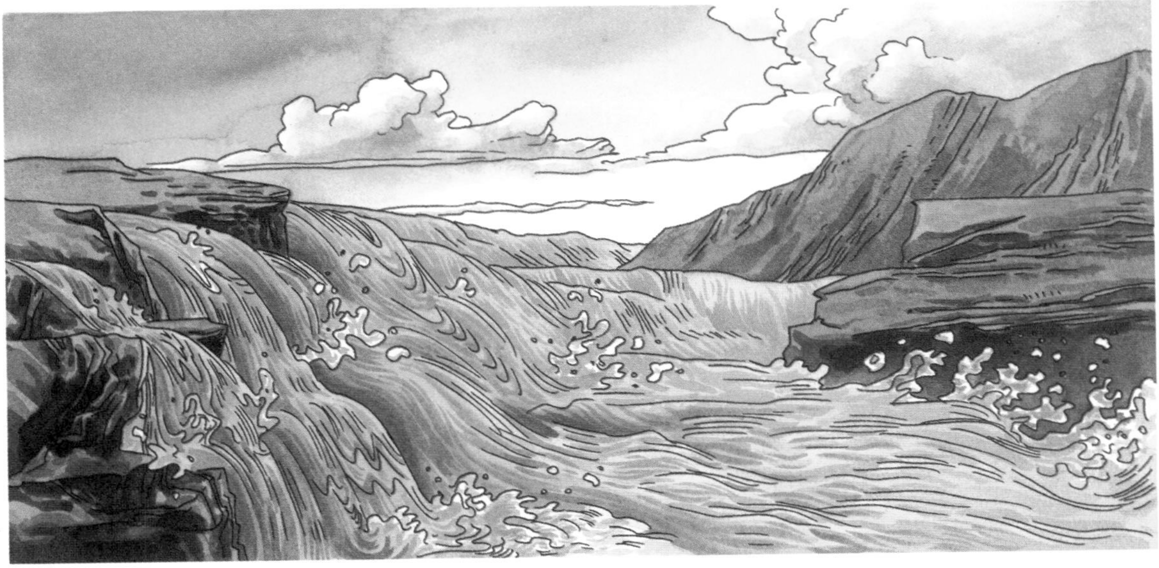

风吹和水流是黄土地貌形成的两大作用力。

冲积平原是由河流沉积作用形成的平原地貌。

河流在上游侵蚀了很多泥沙，并携带到中下游，由于河水流速减缓，大量泥沙在两岸沉积，冲积平原就逐步形成了。

湿地是“地球的肾”，是陆生生态系统和水生生态系统之间的过渡性地带。它为水土保持、净化生态环境、调节局部小气候等起了重要作用。
森林、海洋、湿地是地球上三大生态系统。
天然湿地通常存在于海岸、河口、湖泊、沼泽等地。

有一些地带，底层土壤为湿土，有时候还被浅水淹没，长满水生植物，这些地带通常称为湿地。

喀斯特地貌是水对可溶性岩石溶蚀、侵蚀并沉积，以及在重力作用下崩塌、坍塌而堆积形成的地貌，在中国分布很广。
地表
地下
地下河
喀斯特地貌分地表和地下两大类,地表有喀斯特漏斗、落水洞、峰林等；地下有溶洞与地下河、暗湖。
中国是世界上对喀斯特地貌现象记述和研究最早的国家。

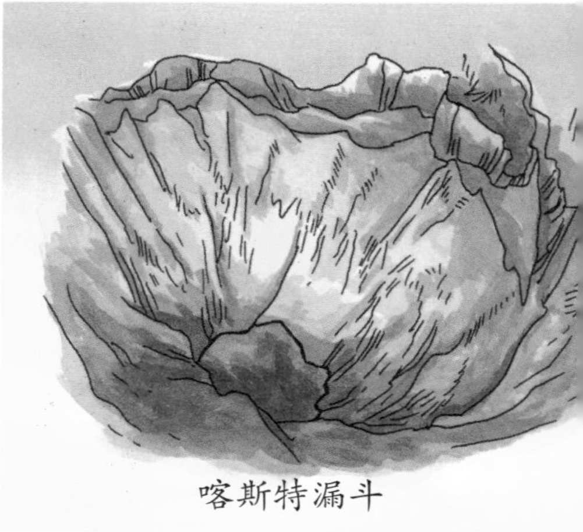

喀斯特漏斗

钟乳石由碳酸钙和其他矿物质沉积形成，自洞顶向下变长。

石灰岩的主要成分是碳酸钙，它能被含有二氧化碳的水溶解。水流不断溶蚀，长年累月，岩石就变成了各种奇怪的样子。

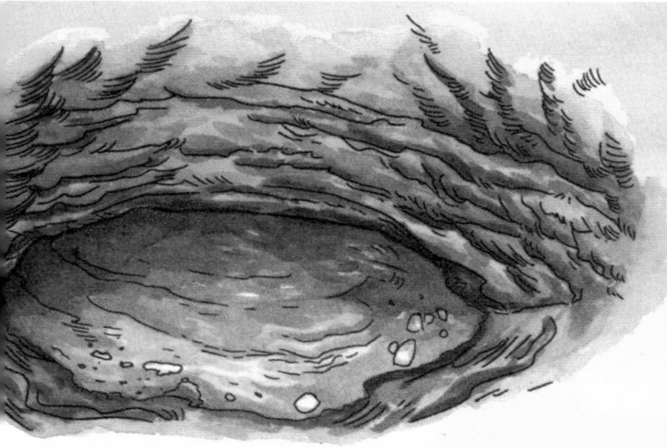

落水洞

峰林

钟乳石上的水滴落在地上，水中的碳酸钙便沉淀下来，时间一长，碳酸钙越积越高，就形成石笋。
石柱是钟乳石与石笋相接形成的。

水流长期侵蚀岩石，形成缝隙，渐渐扩大为洞穴。洞穴顶部的水滴滴落，沉淀堆积，生长和发育出许许多多的石笋、石柱和钟乳石。

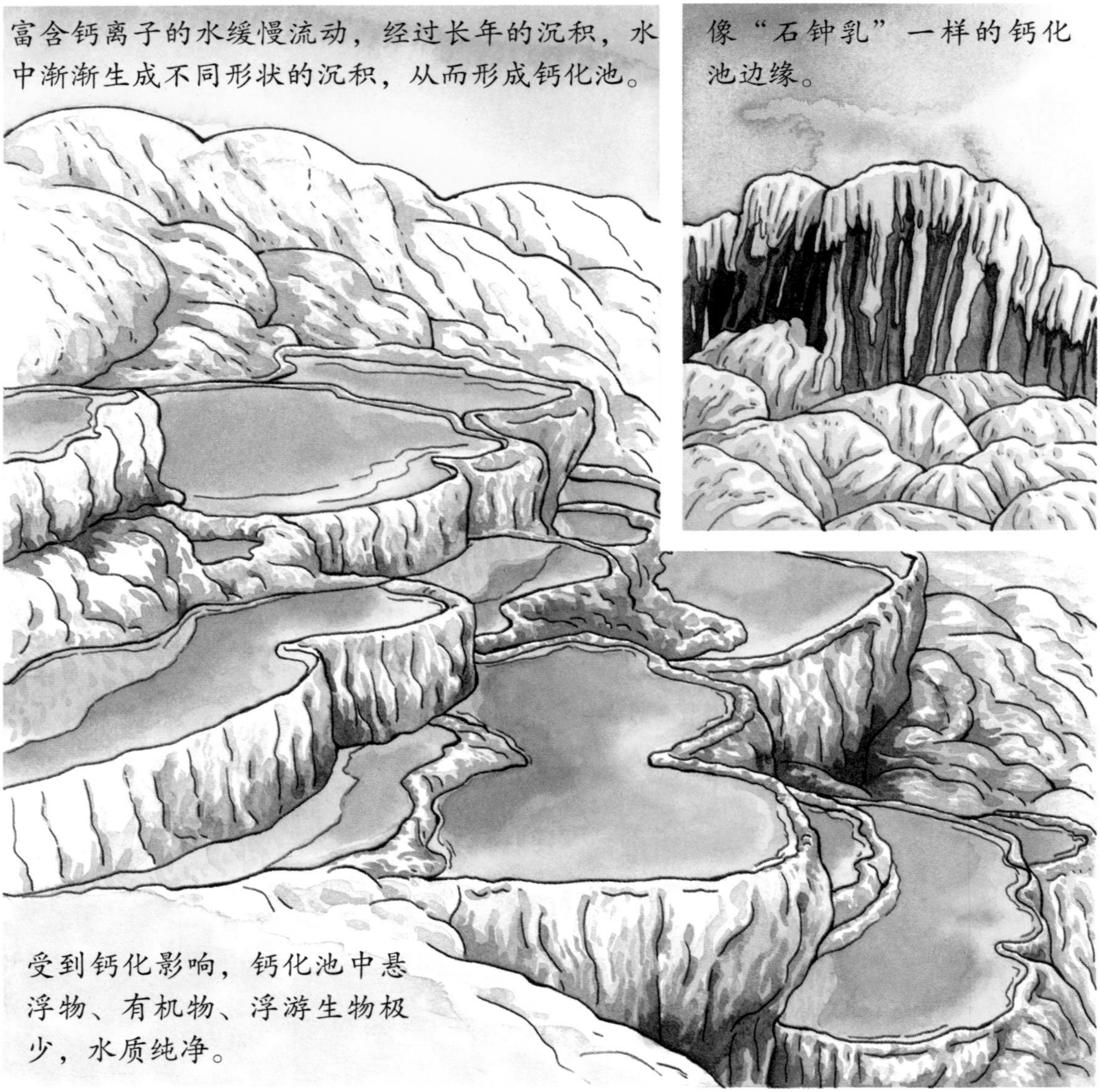

富含钙离子的水缓慢流动，经过长年的沉积，水中渐渐生成不同形状的沉积，从而形成钙化池。
像“石钟乳”一样的钙化池边缘。
受到钙化影响，钙化池中悬浮物、有机物、浮游生物极少，水质纯净。

钙化池的形成需要一些特殊的条件，如富含钙离子的水、适度的水流速度和足够的时间等。

天坑下面一定有河流经过，也许
河流已经改道，但是曾经存在过。

地下河长期冲刷、溶蚀地下岩层，岩层不断崩塌，最终导致地面陷落，形成天坑。

海蚀地貌有很多种，如海蚀拱桥、海蚀柱、
海蚀崖、海蚀平台和海蚀洞等。
海蚀拱桥
海蚀柱
山岩在海浪的作用下崩
塌，日积月累越磨越圆，
形成鹅卵石。

海水常年对沿岸陆地侵蚀破坏，形成了海蚀地貌。海蚀作用主要有三种：冲蚀、磨蚀和溶蚀。

海边的石子跟海底的贝壳、珊瑚等，在海水的冲击下相互摩擦，越磨越小，便形成沙滩。

夏天，因温度升高，冰川表面融化。融化的雪水沿着缝隙流入冰川内部，会导致内部的冰层融化，久而久之，就形成了冰洞。

冰川是极地和高山地区地表多年存在并具有沿地面运动状态的天然冰体。

冰川是地表重要的淡水资源，主要分布在地球的两极和中、低纬度的高山区，全球冰川面积1600多万平方千米，约占地球陆地总面积的11%。

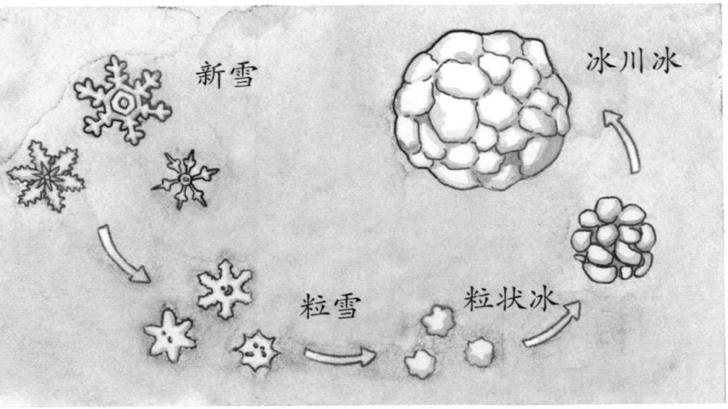

冰川是由多年积雪压实、重新结晶、再冻结形成的。冰川冰最初形成时呈乳白色，经过漫长岁月会变得晶莹剔透。

板块运动让地球呈现出多姿多彩的自然风貌。

你能认出它们是什么地貌吗？

图书在版编目（CIP）数据

我的第一套万物启蒙书. 天文地理 / 蓝灯童画编绘
. -- 太原：山西人民出版社，2023.2
ISBN 978-7-203-12667-6

Ⅰ. ①我… Ⅱ. ①蓝… Ⅲ. ①科学知识 – 儿童读物②天文学 – 儿童读物③地理学 – 儿童读物 Ⅳ. ① Z228.1 ② P1-49 ③ K90-49

中国国家版本馆 CIP 数据核字 (2023) 第 019441 号

我的第一套万物启蒙书. 天文地理

编　　绘：蓝灯童画
责任编辑：宣海丰
复　　审：傅晓红
终　　审：贺　权
装帧设计：言　诺

出 版 者：山西出版传媒集团・山西人民出版社
地　　址：太原市建设南路21号
邮　　编：030012
发行营销：0351－4922220　4955996　4956039　4922127（传真）
天猫官网：https://sxrmcbs.tmall.com　电话：0351－4922159
E－mail：sxskcb@163.com　发行部
sxskcb@126.com　总编室
网　　址：www.sxskcb.com

经 销 者：山西出版传媒集团・山西人民出版社
承 印 厂：三河市金兆印刷装订有限公司

开　　本：787mm×1092mm　1/16
印　　张：14
字　　数：96千字
版　　次：2023年2月　第1版
印　　次：2023年2月　第1次印刷
书　　号：ISBN 978-7-203-12667-6
定　　价：168.00元（全8册）

23.5°

我的第一套

万物启蒙书 · 天文地理

和大自然做朋友

蓝灯童画　编绘

山西出版传媒集团 山西人民出版社

原始人通过采集野果、狩猎和捕鱼来填饱肚子。

原始人并不了解自然现象发生的原因和规律，
对自然现象充满敬畏。
原始人依赖自然环境生存，或者狩猎，
或者捕鱼，或者以简单的自然农业为生。

远古时期的人类还不能为了生存而大规模地改造自然环境。

距今已有 2000 多年历史的坎儿井是古代人民智慧的结晶，是根据当地地形特点构建的一种特殊的灌溉工程。坎儿井与万里长城、京杭大运河并称为中国古代三大工程。

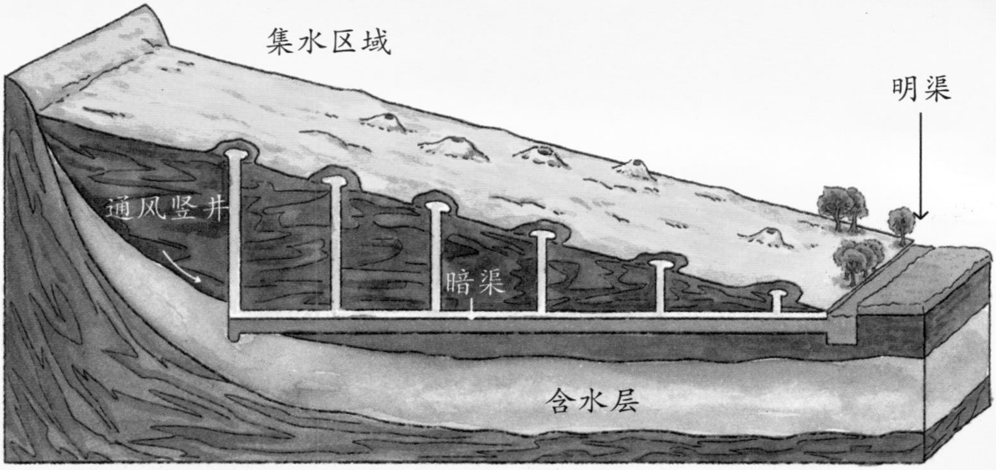

坎儿井很好地利用了地下水资源。

随着农业文明的发展，人们开始通过改造自然环境让粮食增收。在新疆，人们发明了坎儿井这样的灌溉系统。

梯田是在坡地上分段沿等高线建造的阶梯式农田。中国的梯田主要分布在广西、云南一带。因为这些地方有很多山，也经常下雨，梯田依山而建，体现出劳动人民的智慧。

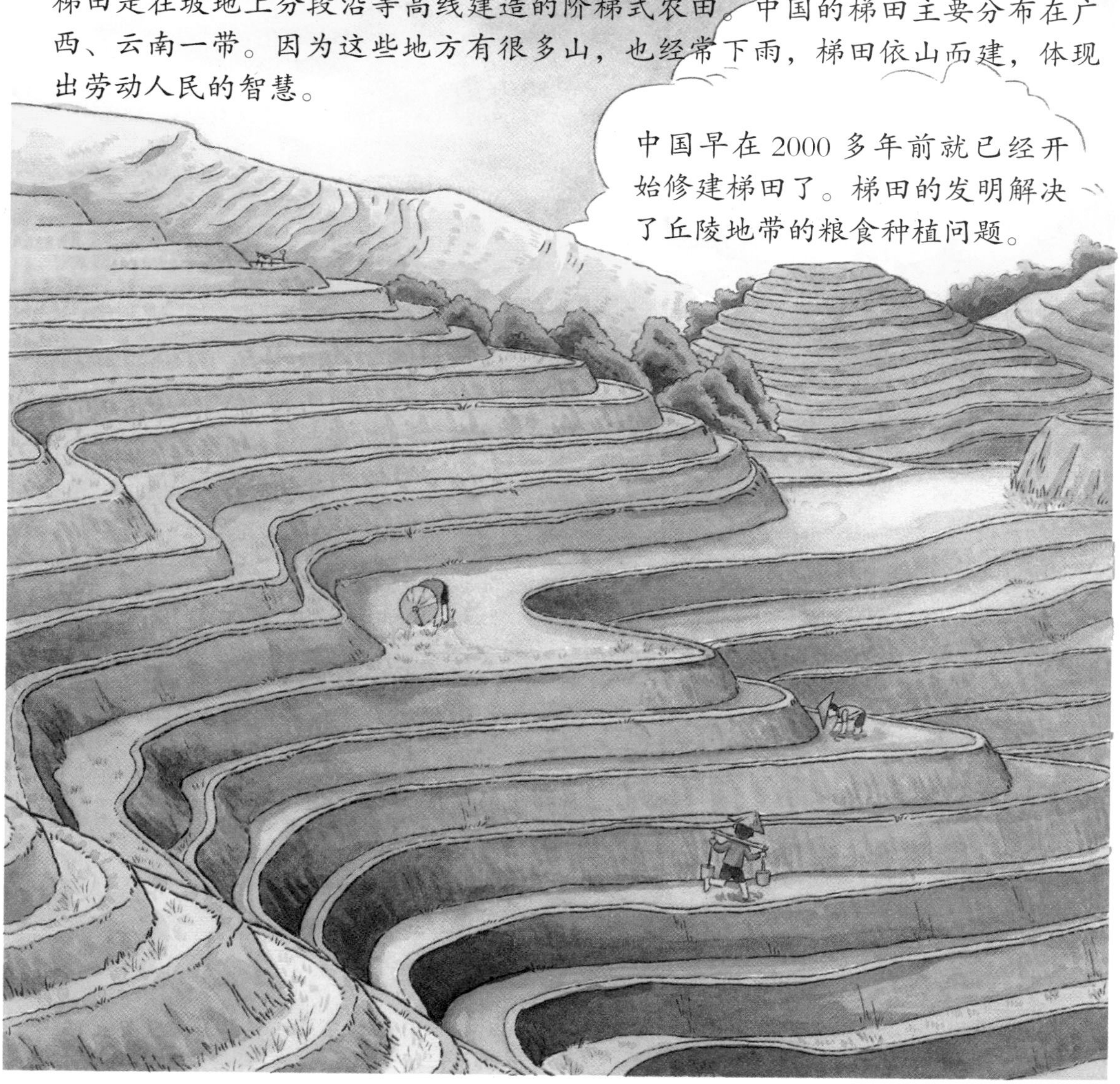

中国早在 2000 多年前就已经开始修建梯田了。梯田的发明解决了丘陵地带的粮食种植问题。

在多雨的山区，梯田既能防止雨水把土壤冲走，又能储存庄稼生长所需要的水源。

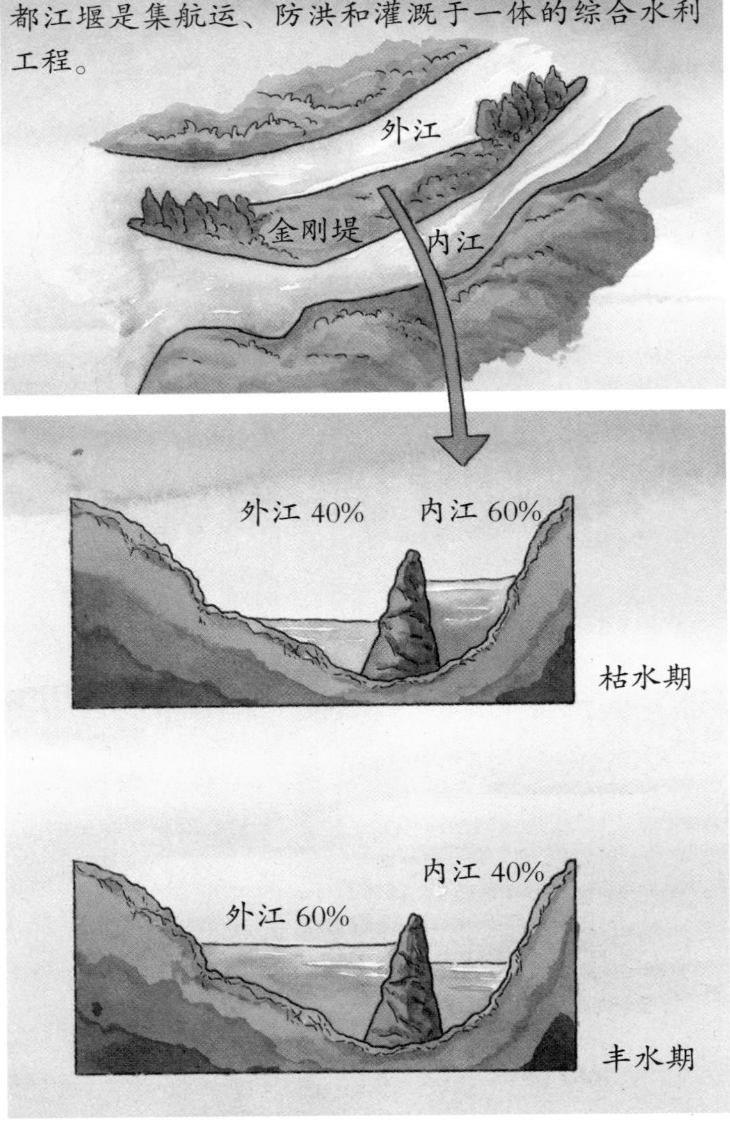
都江堰是集航运、防洪和灌溉于一体的综合水利工程。
外江
金刚堤
内江
外江 40%
内江 60%
枯水期
内江 40%
外江 60%
丰水期

都江堰把江水分为内外两条，内江又深又窄，用来灌溉，外江又浅又宽，用来防汛。
人字堤
天旱水少时，由于内江深而窄，可以储存较多的水量，保证了农田的用水；洪水来临时，大部分水流又从外江流走，保证了农田的安全。

都江堰是世界迄今为止年代最久、唯一留存且仍在使用，以无坝引水为特征的宏大水利工程。

都江堰巧妙地利用自然条件，以河流和地势本身的特点进行引导和改造。

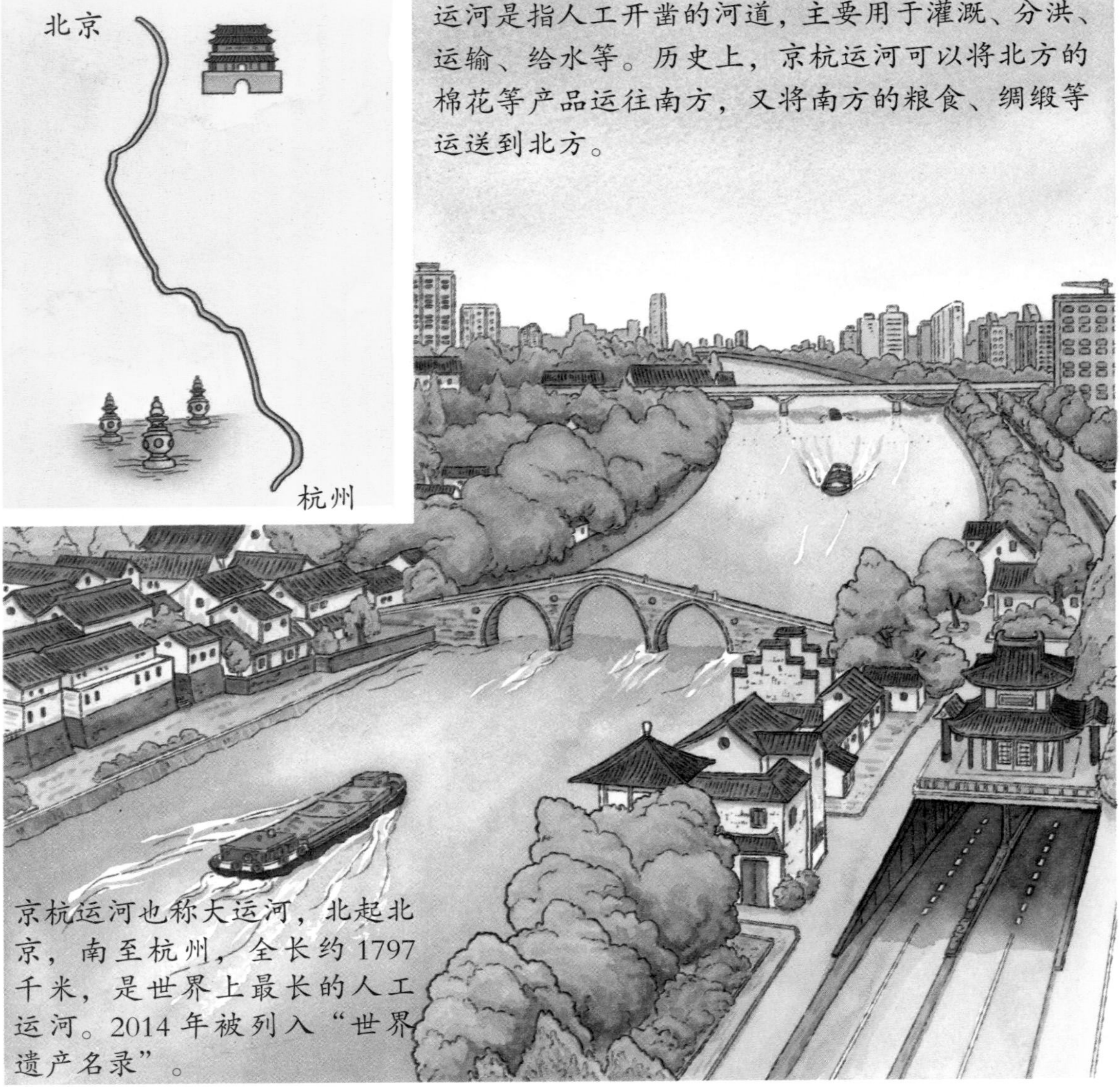

北京
杭州
运河是指人工开凿的河道，主要用于灌溉、分洪、运输、给水等。历史上，京杭运河可以将北方的棉花等产品运往南方，又将南方的粮食、绸缎等运送到北方。
京杭运河也称大运河，北起北京，南至杭州，全长约 1797 千米，是世界上最长的人工运河。2014 年被列入“世界遗产名录”。

人类通过开凿运河，弥补了天然河道的不足，缩短了河流水系的距离。运河既能运送货物，还能防洪、泄洪、灌溉农田。

荷兰以海堤、郁金香花田和风车闻名，它有五分之一的土地是通过围海造田得来的。

历史上荷兰经常遭受海水侵袭，当地的人们为了改变这一现状，建造了拦海大坝，还通过填海的方式造田。

核武器爆炸时威力巨大。

核弹爆炸产生的核辐射使周边的生物遭受灭顶之灾，放射性物质渗进土壤，几乎无法消除。

科技的进步，让人类拥有了无比强大的武器，比如核弹，然而这种武器过于强大，会对自然环境造成巨大破坏。

宾汉姆峡谷露天矿，是美国最大的露天铜矿，
也是当前世界上最大的人工挖掘矿坑。

美国挖了 100 多年的铜矿，把一座大山挖成了一个巨大的矿坑。

臭氧层是地球外围一层由臭氧构成的保护层。其浓度最大的一层离地面20千米~25千米。臭氧能吸收紫外线，保护地球上的生物。
20千米~25千米

臭氧是一种淡蓝色的、有特殊气味的气体。
紫外线辐射

臭氧层是地球的保护伞，极易受到人类活动的破坏。

地球正在变暖，两极的
冰雪在融化，连北极熊
的生存都受到威胁。

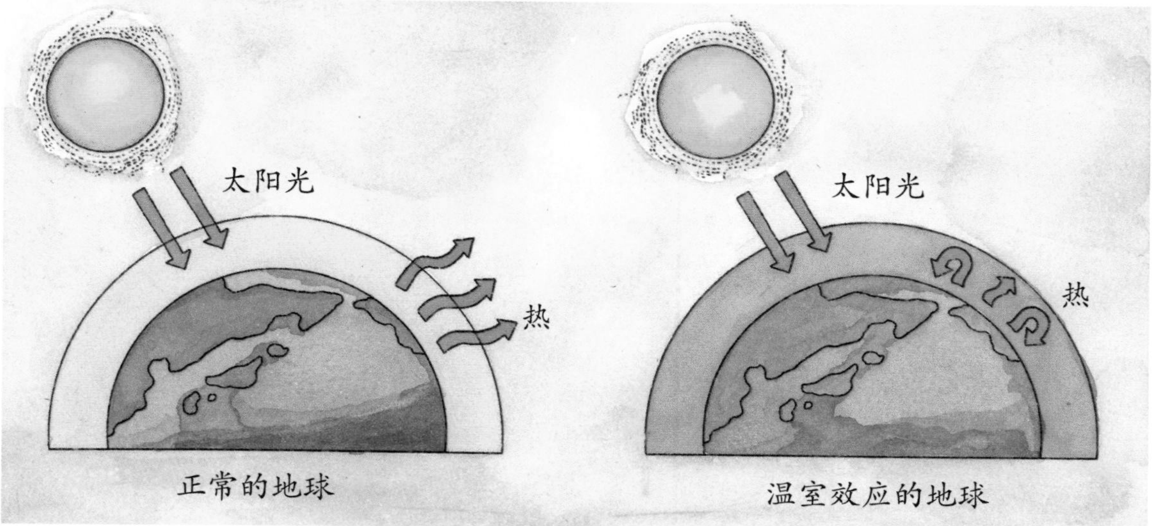
太阳光
热
正常的地球
太阳光
热
温室效应的地球

温室效应是由二氧化碳、水蒸气和其他温室气体所造成的暖化效应。

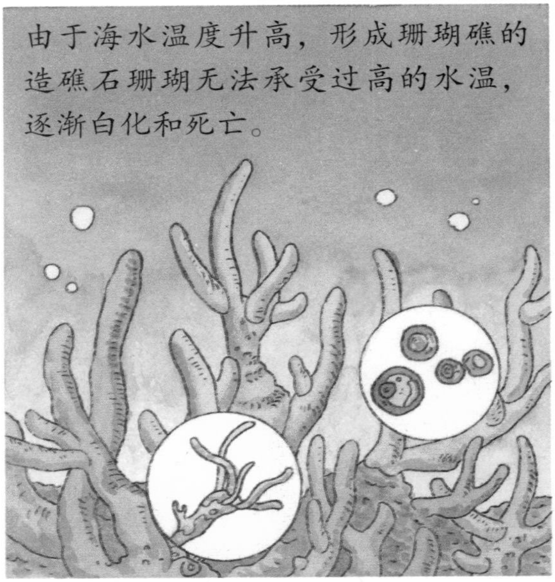

由于海水温度升高，形成珊瑚礁的造礁石珊瑚无法承受过高的水温，逐渐白化和死亡。

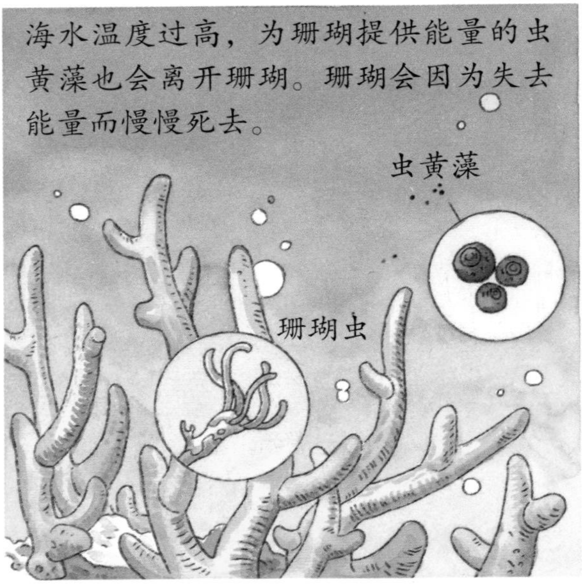

海水温度过高，为珊瑚提供能量的虫黄藻也会离开珊瑚。珊瑚会因为失去能量而慢慢死去。
虫黄藻
珊瑚虫

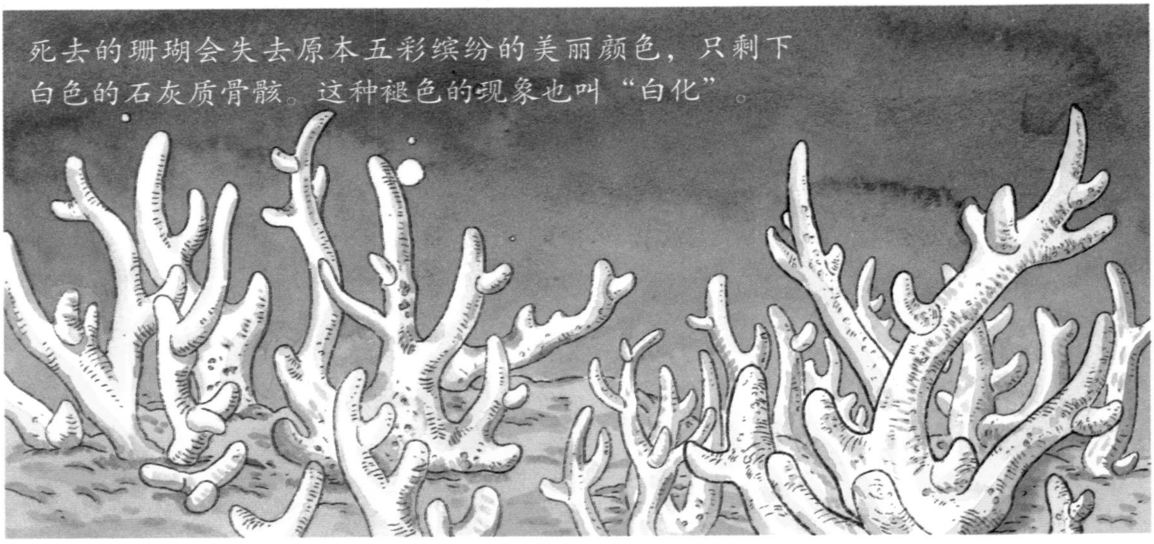

死去的珊瑚会失去原本五彩缤纷的美丽颜色，只剩下白色的石灰质骨骸。这种褪色的现象也叫“白化”。

全球气候变暖造成的影响不但发生在陆地上，海底的情况也不容乐观。

“太平洋垃圾岛”位于美国加利福尼亚州与夏威夷间的海域，这个巨型“塑料旋涡”形成了东太平洋上的垃圾场。

很多垃圾大自然很难降解，被丢弃到海洋后，会对海洋动物造成致命伤害。

沙漠化是指土地慢慢变成荒漠、沙漠的过程。植被被破坏后，土壤受到风力侵蚀，会加速这一过程。

滥垦草原、过度放牧等不合理的生产活动会导致土地沙漠化。

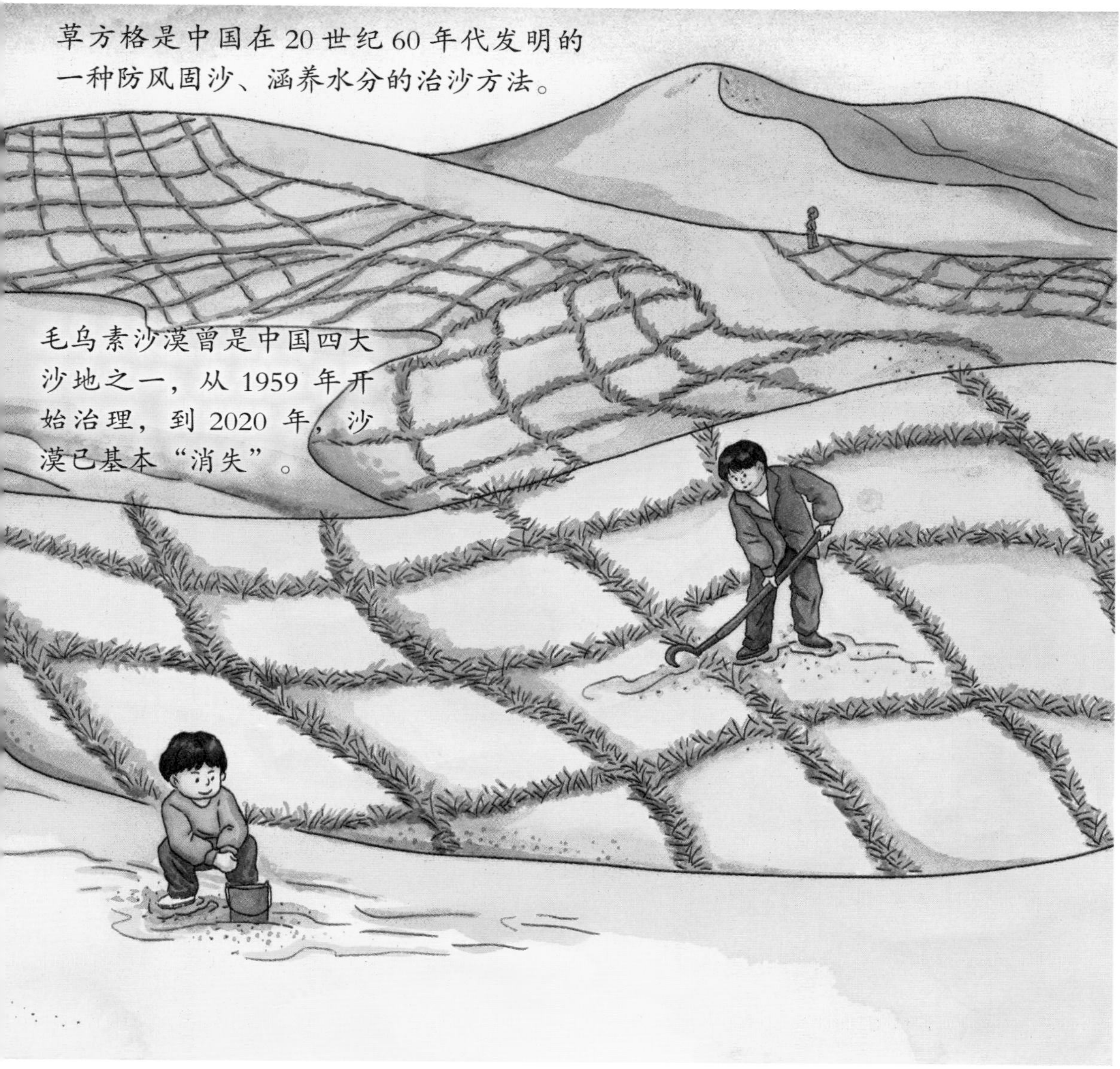
草方格是中国在20世纪60年代发明的
一种防风固沙、涵养水分的治沙方法。
毛乌素沙漠曾是中国四大
沙地之一，从1959年开
始治理，到2020年，沙
漠已基本“消失”。

在与荒漠化斗争的漫长岁月里，“草方格”这种用干麦草扎进土里做成的格子，成功地固定了飞沙，被称为“中国魔方”。

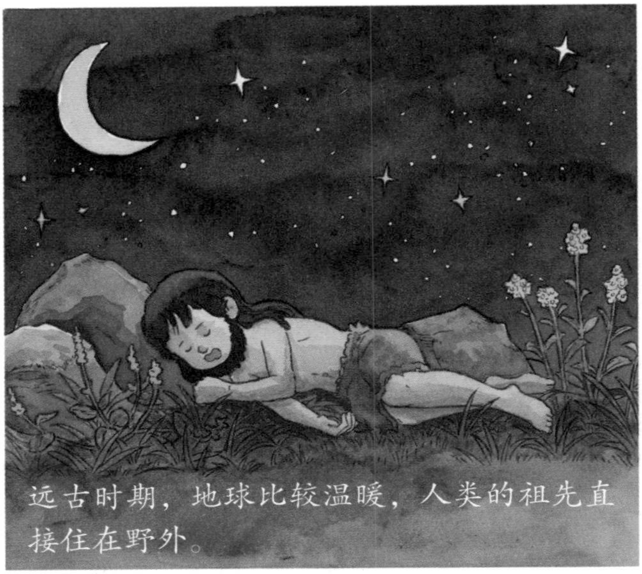

远古时期，地球比较温暖，人类的祖先直接住在野外。

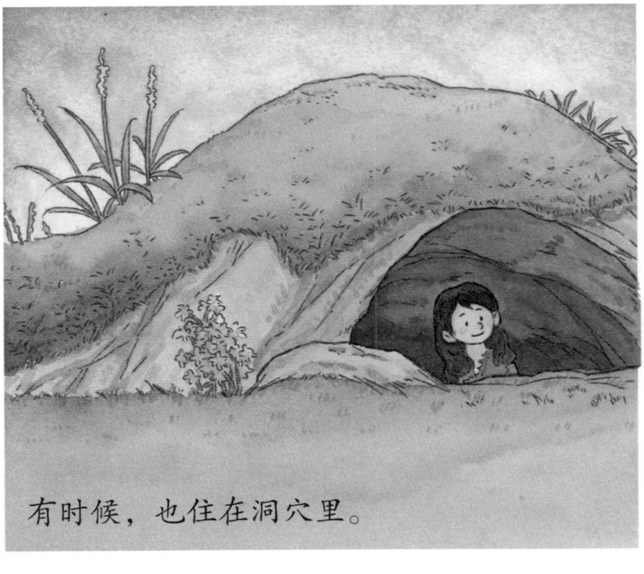

有时候，也住在洞穴里。

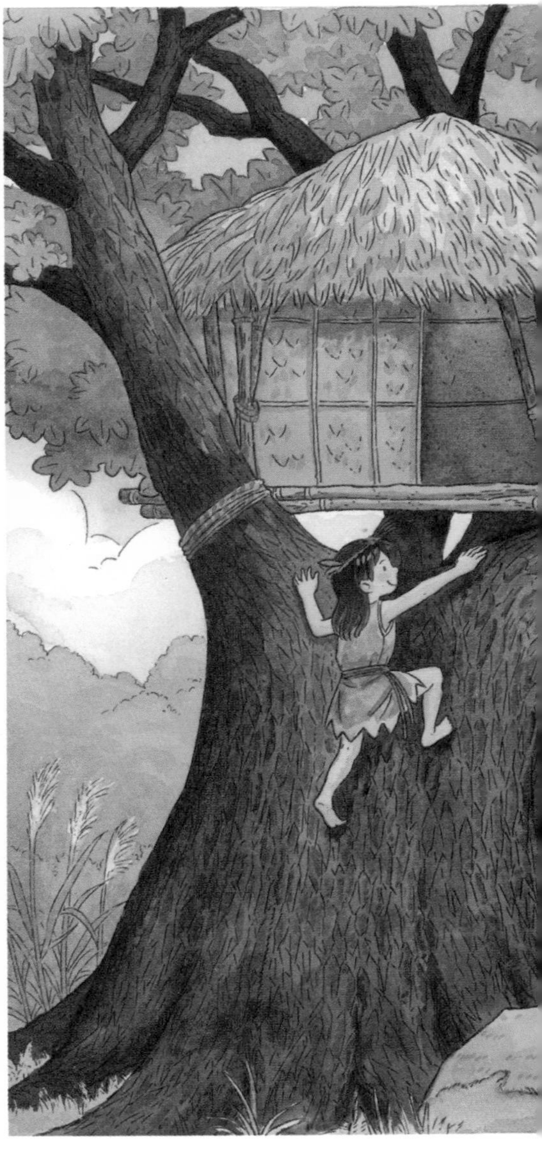

原始时期的人类还不会盖房子。

为了更加舒适和安全，人们开始自己建造房屋。

窑洞是中国西北地区黄土高原古老的居住形式，这一“穴居式”民居的历史可以追溯到 4000 多年前。

高脚屋自古以来就是气候潮湿、雨量充足的热带与亚热带地区十分普遍的民居形式。

人们建造了各式各样的房屋。

在大风呼啸的内蒙古草原，游牧民族需要经常搬家，他们住在不怕风吹又能方便移动的蒙古包里。

在寒冷的北极圈，因纽特人住在用冰雪盖成的圆顶冰屋里。

由于居住环境和生活习惯的不同，人们建造的房屋也各不相同。

为了适应城市人口爆炸式的增长，人们不得不盖起了高楼大厦。

这是我们生活的城市，就像一座由钢筋水泥建造的巨大森林。

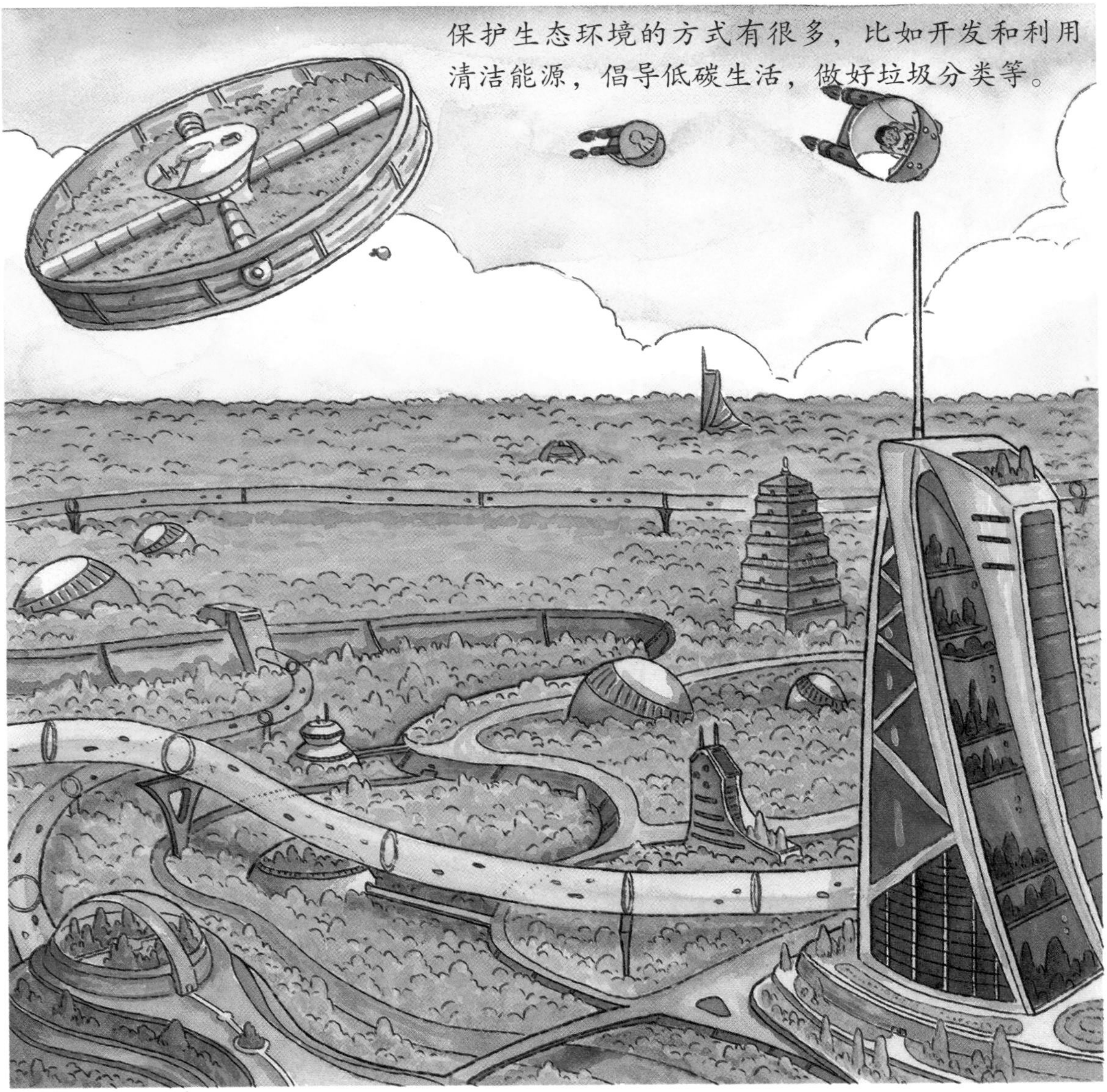
保护生态环境的方式有很多，比如开发和利用
清洁能源，倡导低碳生活，做好垃圾分类等。

未来，你想住在“钢筋水泥”的森林，还是绿意盎然的森林？要和大自然交朋友，就必须加倍地爱护她。

图书在版编目（CIP）数据

我的第一套万物启蒙书. 天文地理 / 蓝灯童画编绘
. -- 太原 : 山西人民出版社 , 2023.2
ISBN 978-7-203-12667-6

Ⅰ. ①我… Ⅱ. ①蓝… Ⅲ. ①科学知识 – 儿童读物②天文学 – 儿童读物③地理学 – 儿童读物 Ⅳ. ① Z228.1 ② P1-49 ③ K90-49

中国国家版本馆 CIP 数据核字 (2023) 第 019441 号

我的第一套万物启蒙书. 天文地理

编　　绘：蓝灯童画
责任编辑：宣海丰
复　　审：傅晓红
终　　审：贺　权
装帧设计：言　诺

出 版 者：山西出版传媒集团・山西人民出版社
地　　址：太原市建设南路21号
邮　　编：030012
发行营销：0351–4922220　4955996　4956039　4922127（传真）
天猫官网：https://sxrmcbs.tmall.com　电话：0351–4922159
E – mail：sxskcb@163.com　发行部
sxskcb@126.com　总编室
网　　址：www.sxskcb.com

经 销 者：山西出版传媒集团・山西人民出版社
承 印 厂：三河市金兆印刷装订有限公司

开　　本：787mm × 1092mm　1/16
印　　张：14
字　　数：96千字
版　　次：2023年2月　第1版
印　　次：2023年2月　第1次印刷
书　　号：ISBN　978–7–203–12667–6
定　　价：168.00元（全8册）

23.5°

我的第一套

万物启蒙书·天文地理

宇宙探索者

蓝灯童画　编绘

山西出版传媒集团　山西人民出版社

晴朗的夜晚，星星在天空中一闪一闪地眨着眼睛，美丽极了。

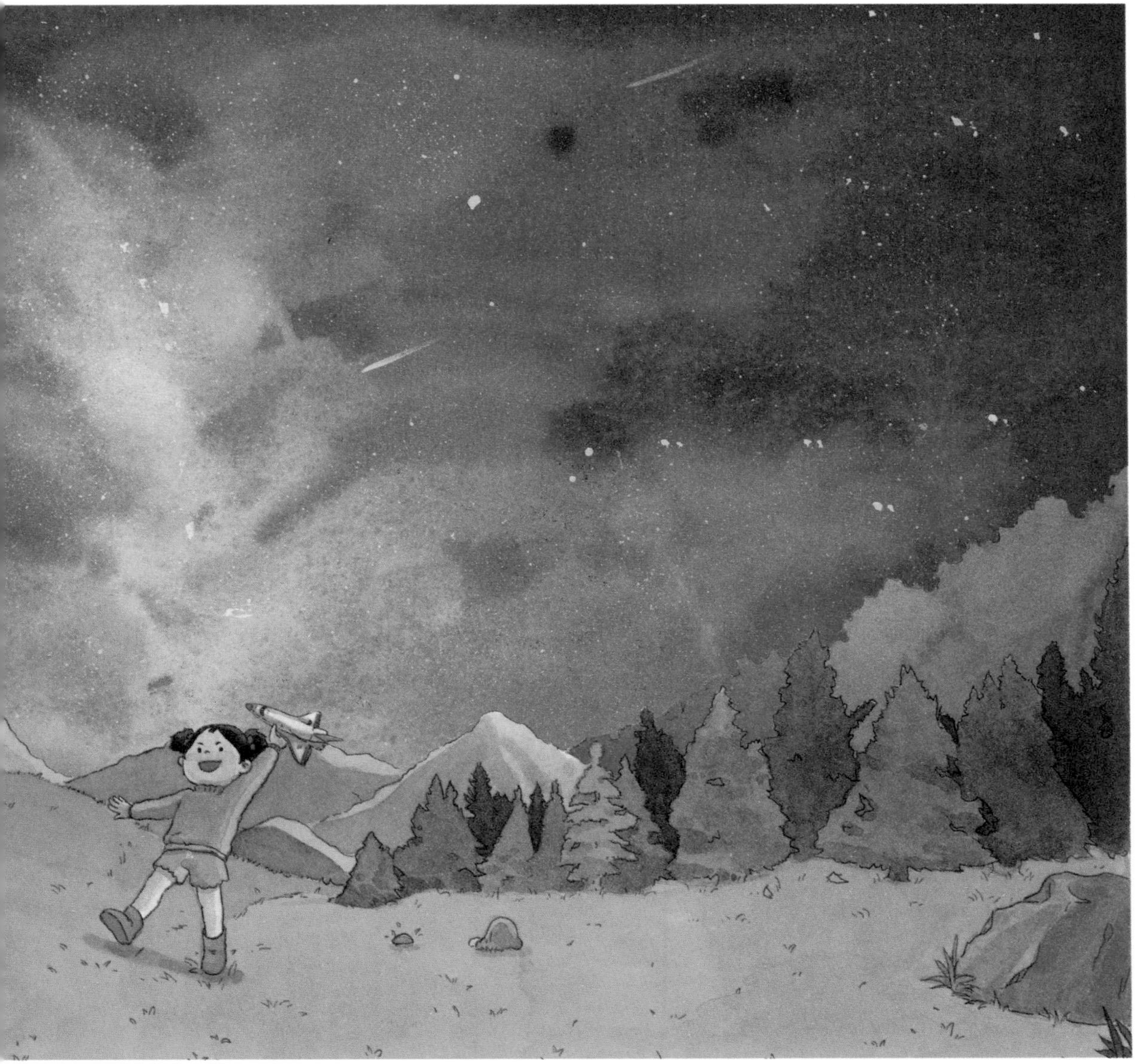

从古到今，人们对浩瀚的星空充满好奇，它神秘又遥远，让人总想靠近它一探究竟。

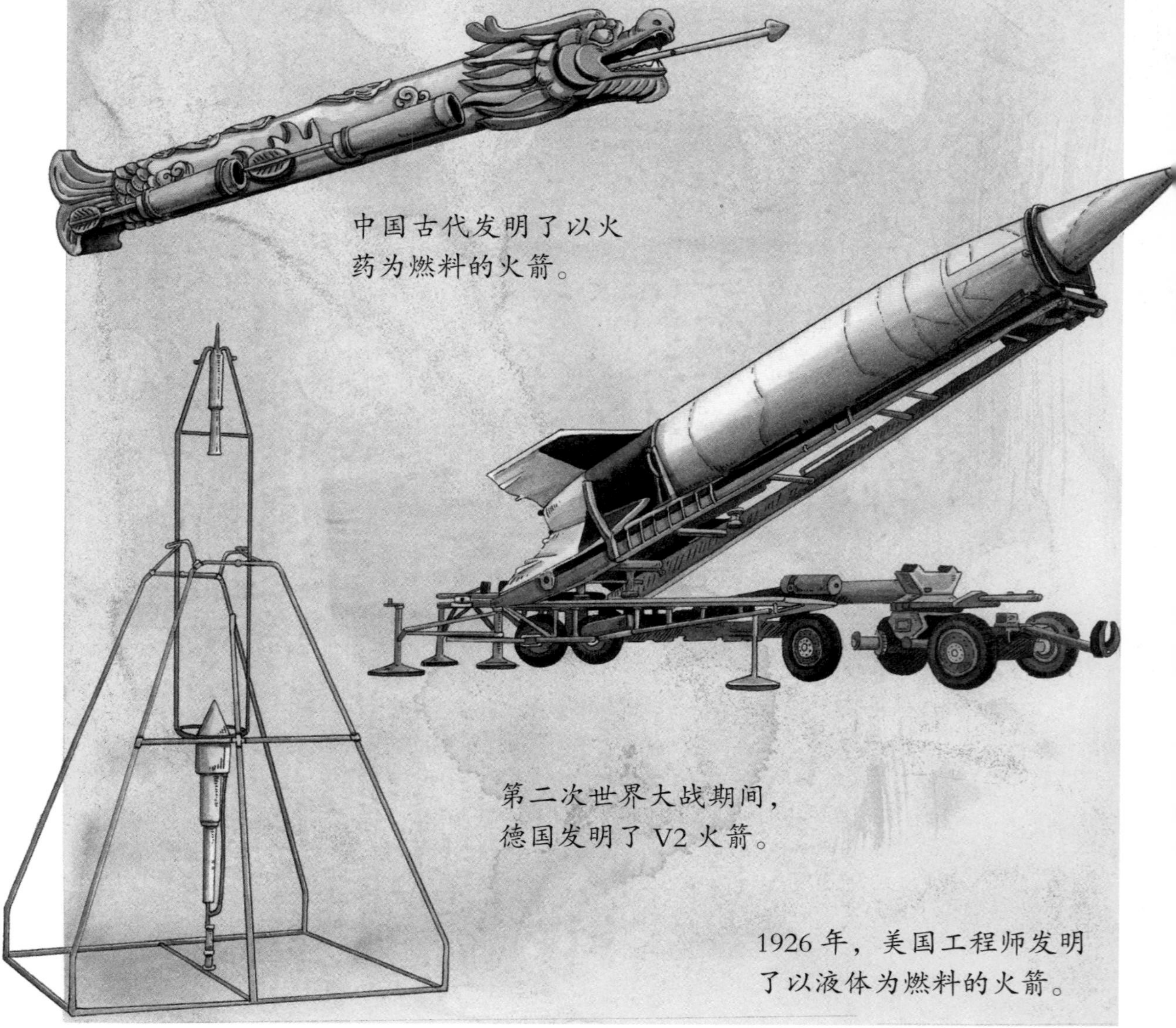
中国古代发明了以火
药为燃料的火箭。
第二次世界大战期间，
德国发明了 V2 火箭。
1926 年，美国工程师发明
了以液体为燃料的火箭。

火箭最初用在战争中，后来，人们用它来探索太空。

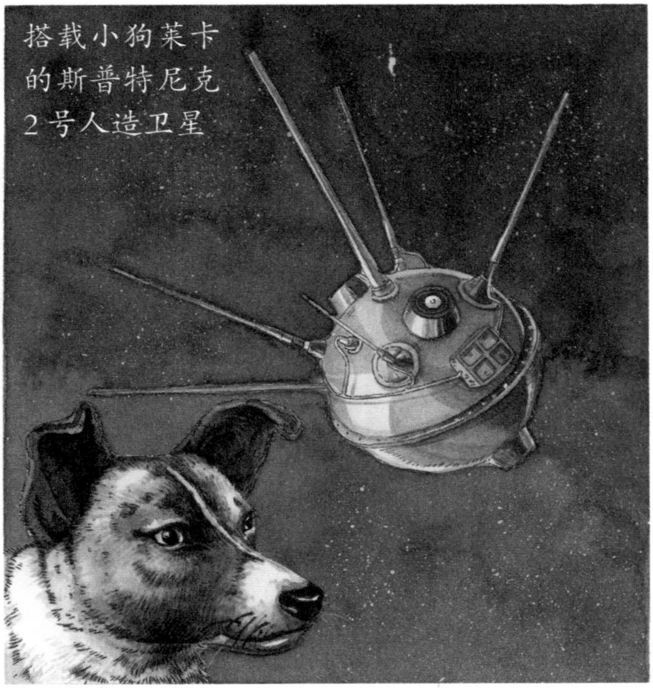

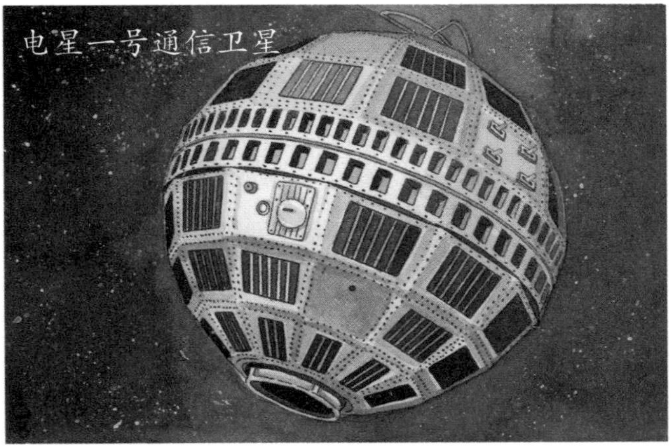

20 世纪 50 年代之后，人类把人造卫星送入太空，运送卫星的就是火箭，称为运载火箭。

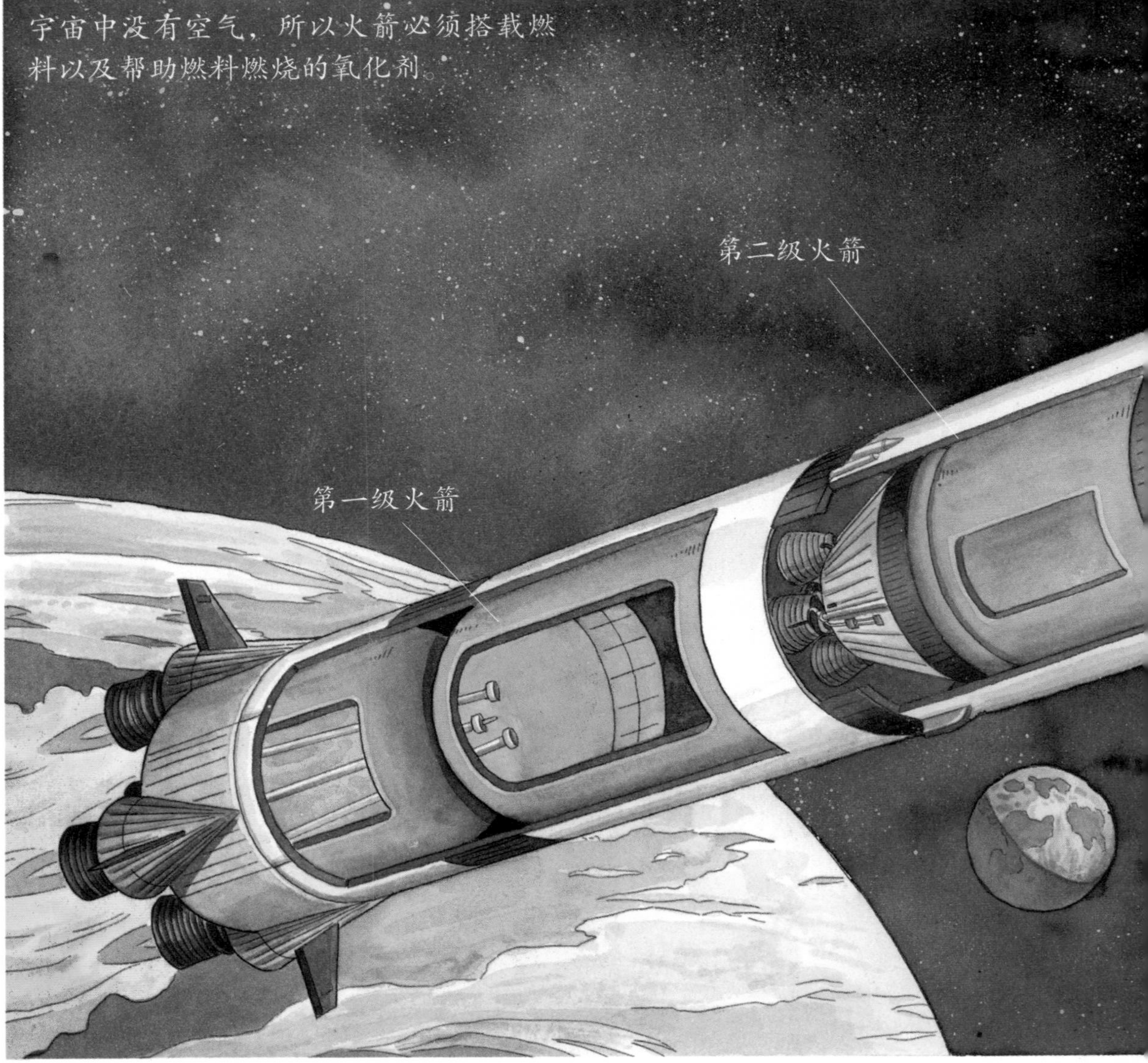

宇宙中没有空气，所以火箭必须搭载燃料以及帮助燃料燃烧的氧化剂。
第二级火箭
第一级火箭

要想让航天器冲破大气层进入太空，需要使用多级运载火箭。

这种火箭能够在发射之后分阶段抛弃自身的大部分无用质量，只留下火箭尖端小小的一部分。

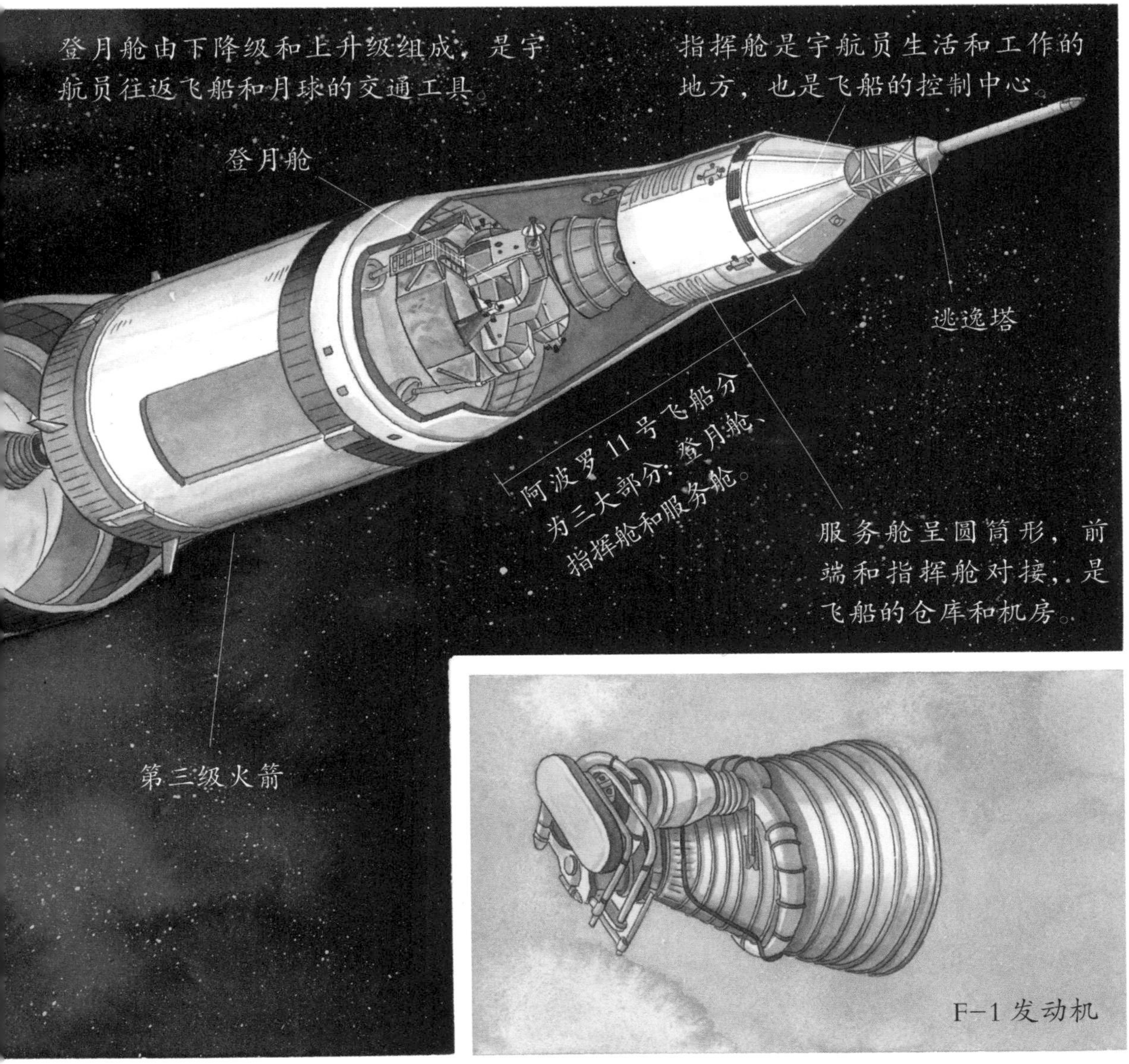

登月舱由下降级和上升级组成，是宇航员往返飞船和月球的交通工具。
指挥舱是宇航员生活和工作的地方，也是飞船的控制中心。
登月舱
逃逸塔
阿波罗 11 号飞船分为三大部分：登月舱、指挥舱和服务舱。
服务舱呈圆筒形，前端和指挥舱对接，是飞船的仓库和机房。
第三级火箭
F-1 发动机

10、9、8、7、6、5、4、3、2、1，点火！

1969 年，土星 5 号运载火箭搭载着“阿波罗 11 号”宇宙飞船，载着三名宇航员成功冲破大气层，飞向月球。

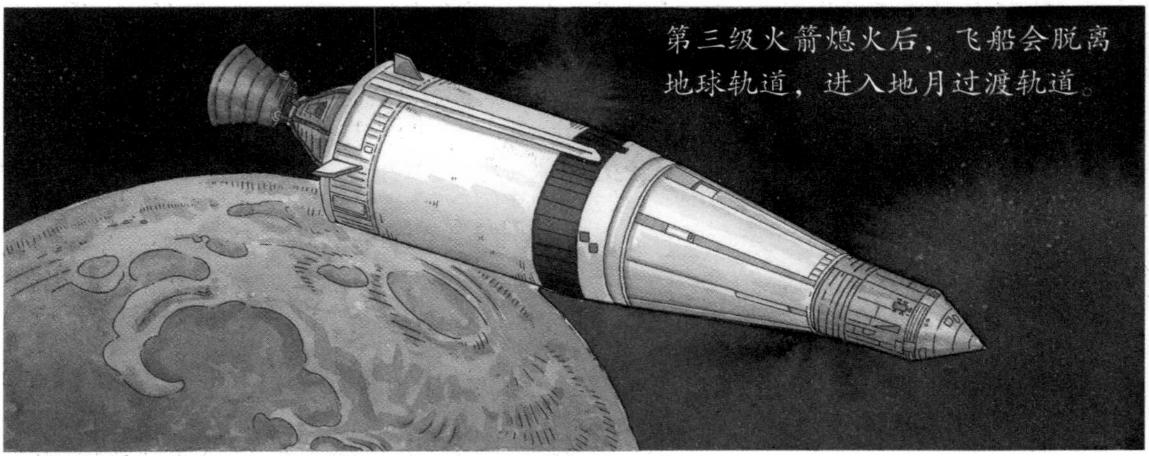

第三级火箭熄火后，飞船会脱离地球轨道，进入地月过渡轨道。

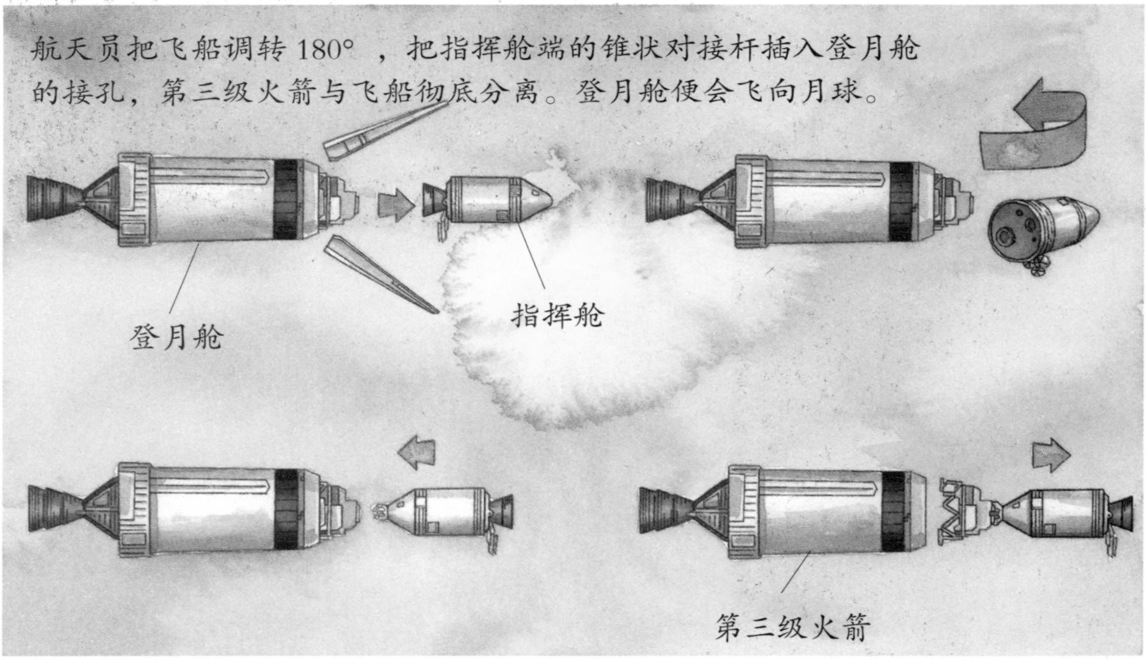

航天员把飞船调转 180° ，把指挥舱端的锥状对接杆插入登月舱的接孔，第三级火箭与飞船彻底分离。登月舱便会飞向月球。
登月舱
指挥舱
第三级火箭

火箭能直接飞到月球上吗？

不能哦，火箭的任务是把飞船送入飞往月球的轨道。

阿姆斯特朗是第一位踏上月球的宇航员，他说：“这是我个人的一小步，却是人类的一大步。”

终于登上月球啦！

登月舱像一只金属蜘蛛，它可以载着宇航员缓缓下降，降落在月球表面。

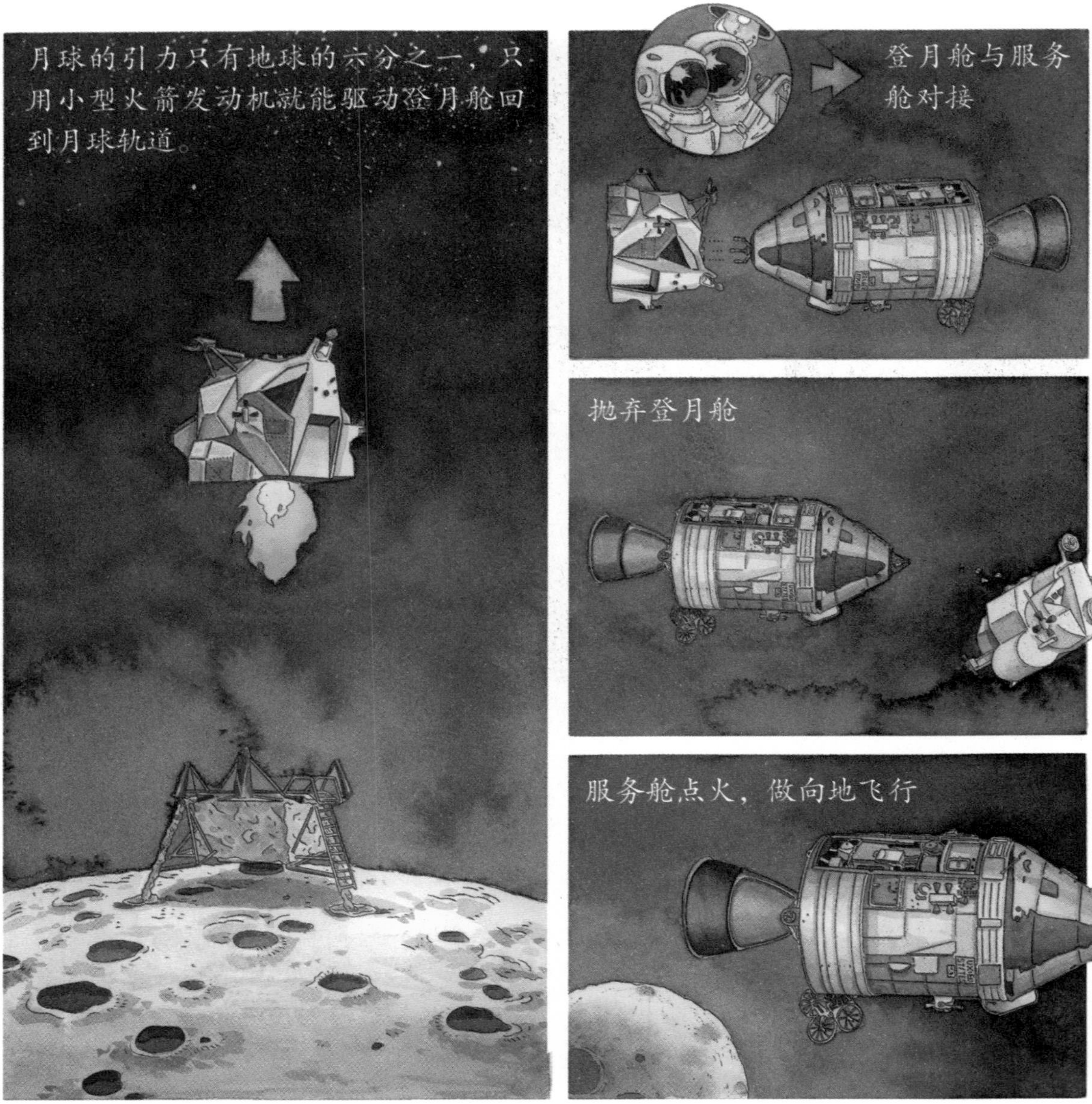
月球的引力只有地球的六分之一，只用小型火箭发动机就能驱动登月舱回到月球轨道。
登月舱与服务舱对接
抛弃登月舱
服务舱点火，做向地飞行

宇航员在月球上采集了岩石标本并进行探测后，准备返回地球。他们点燃登月舱上升段火箭，飞离月球，和等待在月球轨道上的飞船会合。

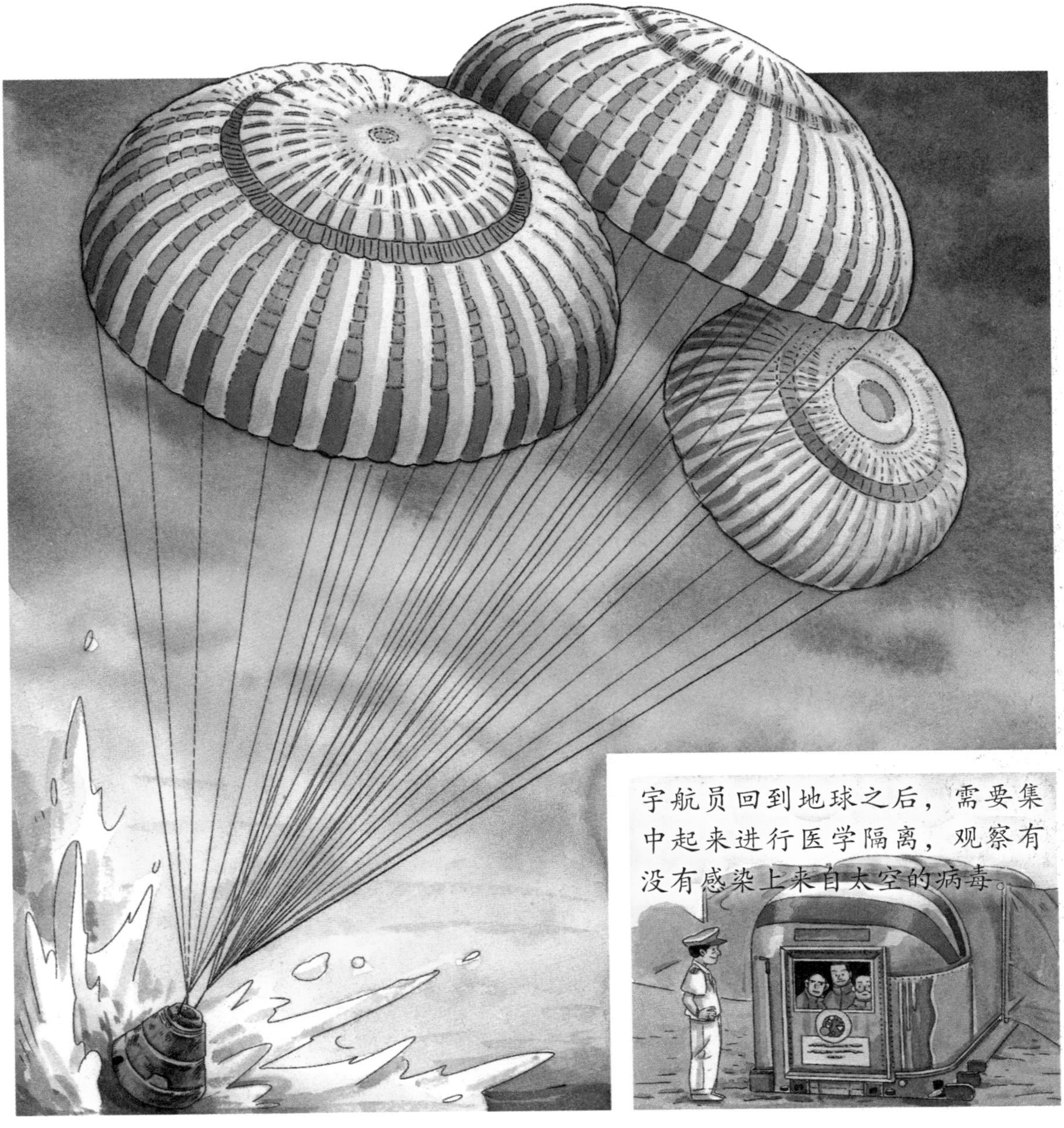

宇航员回到地球之后，需要集中起来进行医学隔离，观察有没有感染上来自太空的病毒。

在返回地球的途中，宇航员会依次抛弃登月舱、服务舱，乘坐指挥舱返回地球。到达合适的高度时，再抛弃指挥舱，打开降落伞安全着陆。

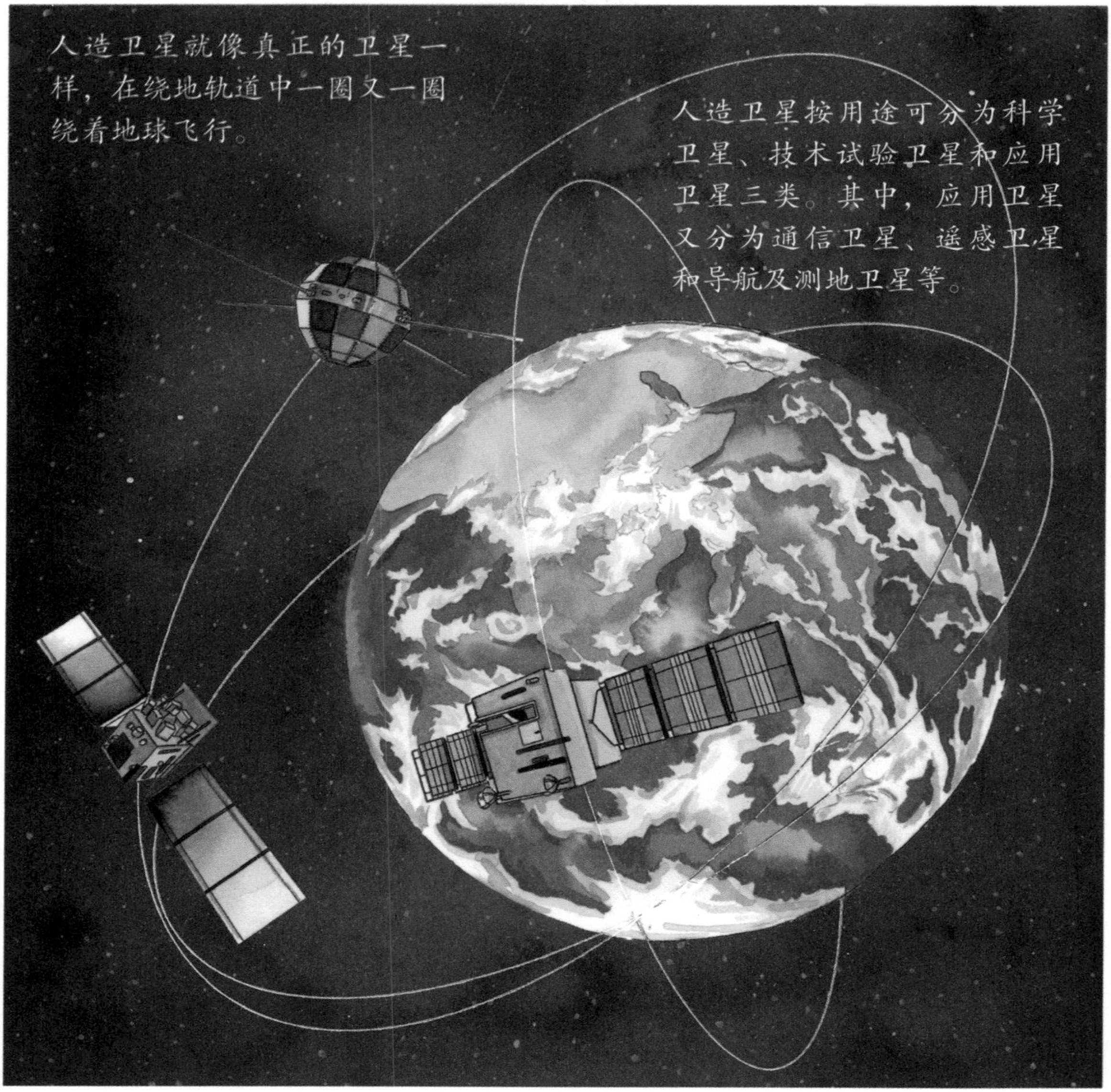

人造卫星就像真正的卫星一样，在绕地轨道中一圈又一圈绕着地球飞行。
人造卫星按用途可分为科学卫星、技术试验卫星和应用卫星三类。其中，应用卫星又分为通信卫星、遥感卫星和导航及测地卫星等。

人造卫星是一种无人航天器，是目前人类发射最多的航天器。1957 年，苏联发射了世界上第一颗人造卫星。

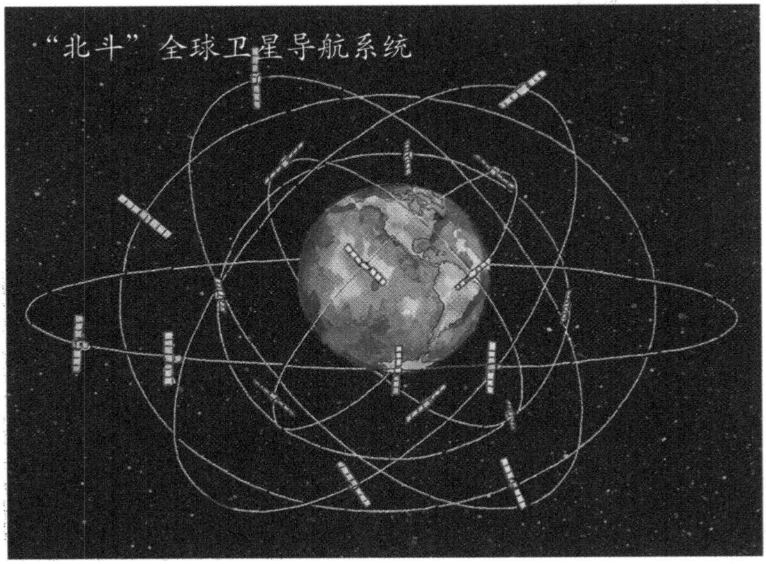

中国的人造卫星家族庞大，分工也各不相同，有太空“信使”通信卫星、太空“气象站”气象卫星、太空“广播员”广播卫星等。它们像高高在上的观察者，能对地球进行全方位的观测，并及时发回信息通知地球上的人们。

航天飞机有三个组成部分：航天员乘坐的轨道器、装有液体燃料的外贮箱，以及固体燃料助推器。
外贮箱
轨道器
固体燃料助推器
在发射过程中，只有外贮箱会在降落大气层的过程中烧毁，轨道器和固体燃料助推器都是可以回收并重复使用的。

航天员和人造卫星要进入太空，除了乘坐火箭，还可以乘坐航天飞机。与“一次性”的运载火箭不一样，航天飞机是飞机和火箭的结合体，是一种可以重复使用的航天飞行器。

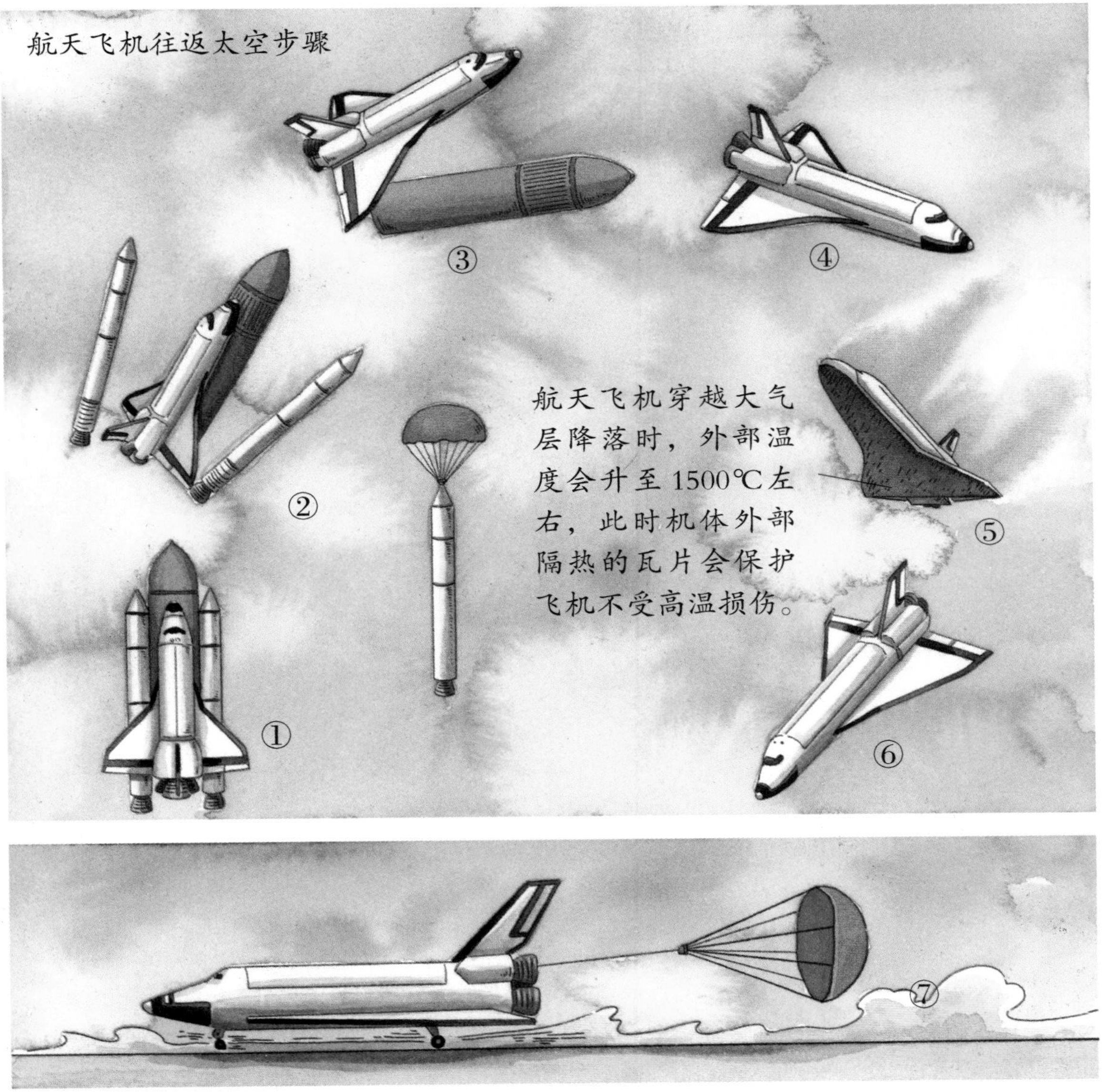

航天飞机往返太空步骤
①
②
③
④
航天飞机穿越大气层降落时，外部温度会升至1500℃左右，此时机体外部隔热的瓦片会保护飞机不受高温损伤。
⑤
⑥
⑦

航天飞机可以载着航天员和相关器材到国际空间站，也可以把结束任务的航天员载回地球。

空间站位于地球上方，和人造卫星一样，它也是沿地球轨道运行的。
太阳能电池板，能朝向着太阳的方向转动。

尽管可以进入太空，但宇宙飞船和航天飞机在太空停留的时间太有限了，人们又发明了载人航天器——空间站。空间站可以让航天员长期在太空工作和生活。

散热片，用以调
整空间站温度。

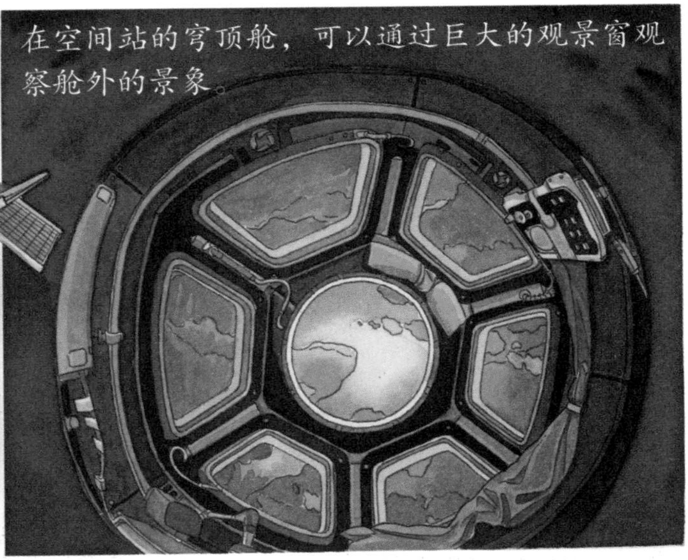
在空间站的穹顶舱，可以通过巨大的观景窗观
察舱外的景象。

航天飞机可以和空间站对
接，接送航天员，交换物
资和研究材料。

国际空间站是第一个国际合作建设的空间站，由美国、日本等 16 个国家参与建设。

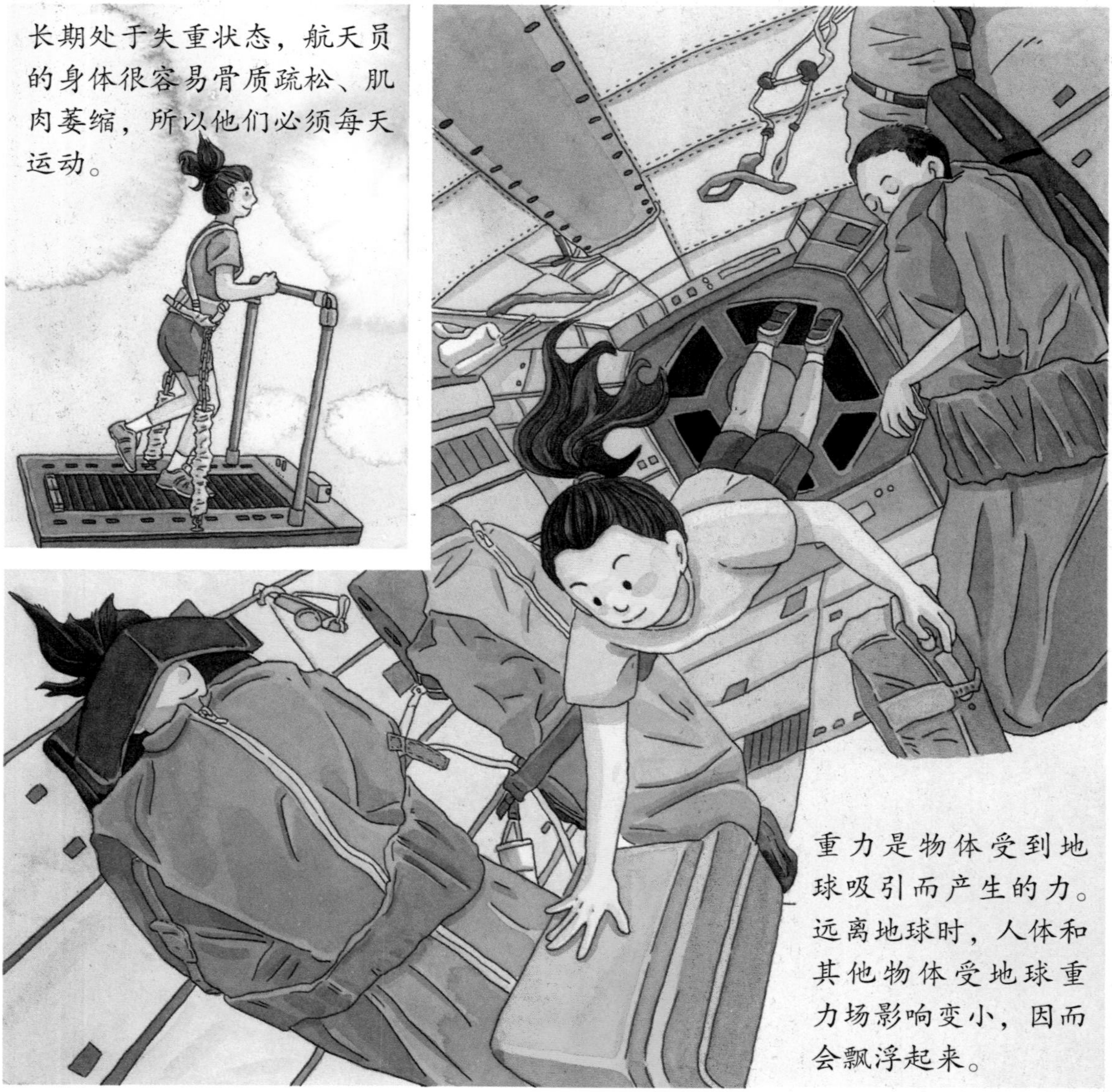

长期处于失重状态，航天员的身体很容易骨质疏松、肌肉萎缩，所以他们必须每天运动。
重力是物体受到地球吸引而产生的力。远离地球时，人体和其他物体受地球重力场影响变小，因而会飘浮起来。

在空间站里，航天员会一直处于失重状态，吃饭的时候飘浮着，睡觉的时候飘浮着，上厕所的时候如果不抓紧抓手，也会飘浮起来。

为了不让空中飘满各种食物，袋装食物需要用尼龙搭扣贴在桌上。

来看看航天员都吃些什么：馅饼、烤鱼、牛肉、饼干等，太空食品全是脱水食品，吃之前可以加注一点水，然后放进烤箱加热。

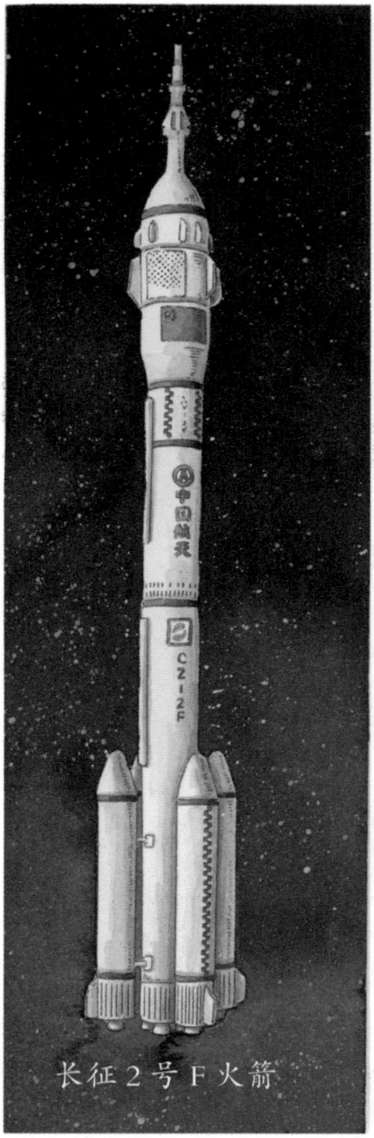

长征2号F火箭

返回舱是飞船的控制中心。
推进舱主要为飞船提供电源和动力。

自1965年开始，中国自主研制“长征”系列运载火箭和“神舟”系列载人飞船，至2022年6月5日，长征2号F运载火箭已经9次载着中国航天员飞向太空。

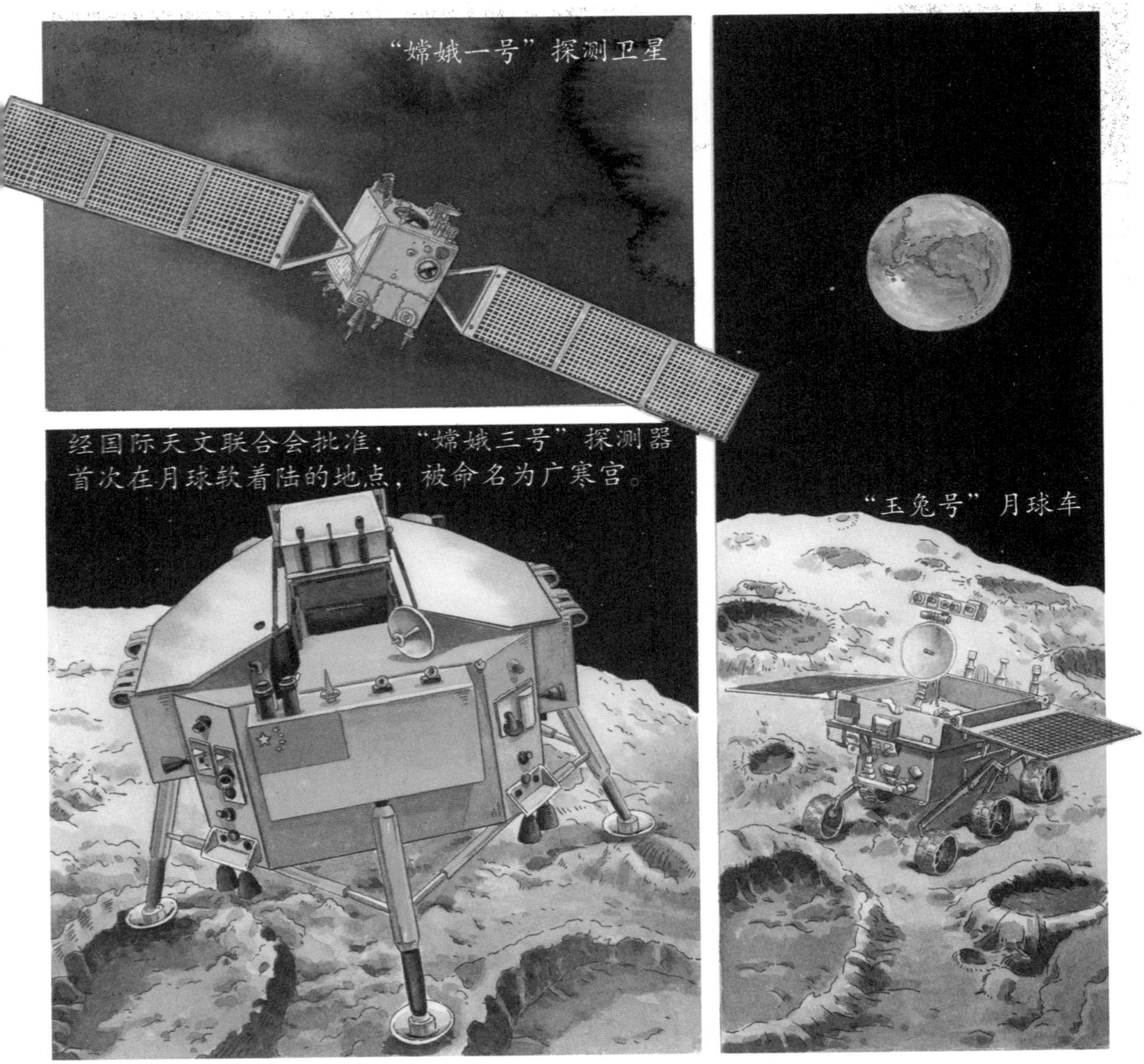

“嫦娥一号”探测卫星
经国际天文联合会批准，“嫦娥三号”探测器首次在月球软着陆的地点，被命名为广寒宫。
“玉兔号”月球车

中国探月工程——嫦娥工程，以中国传统神话故事“嫦娥奔月”命名。为了奔向月球，取得珍贵的月球照片和月球地质样本，“嫦娥号”探测器一次又一次出发。

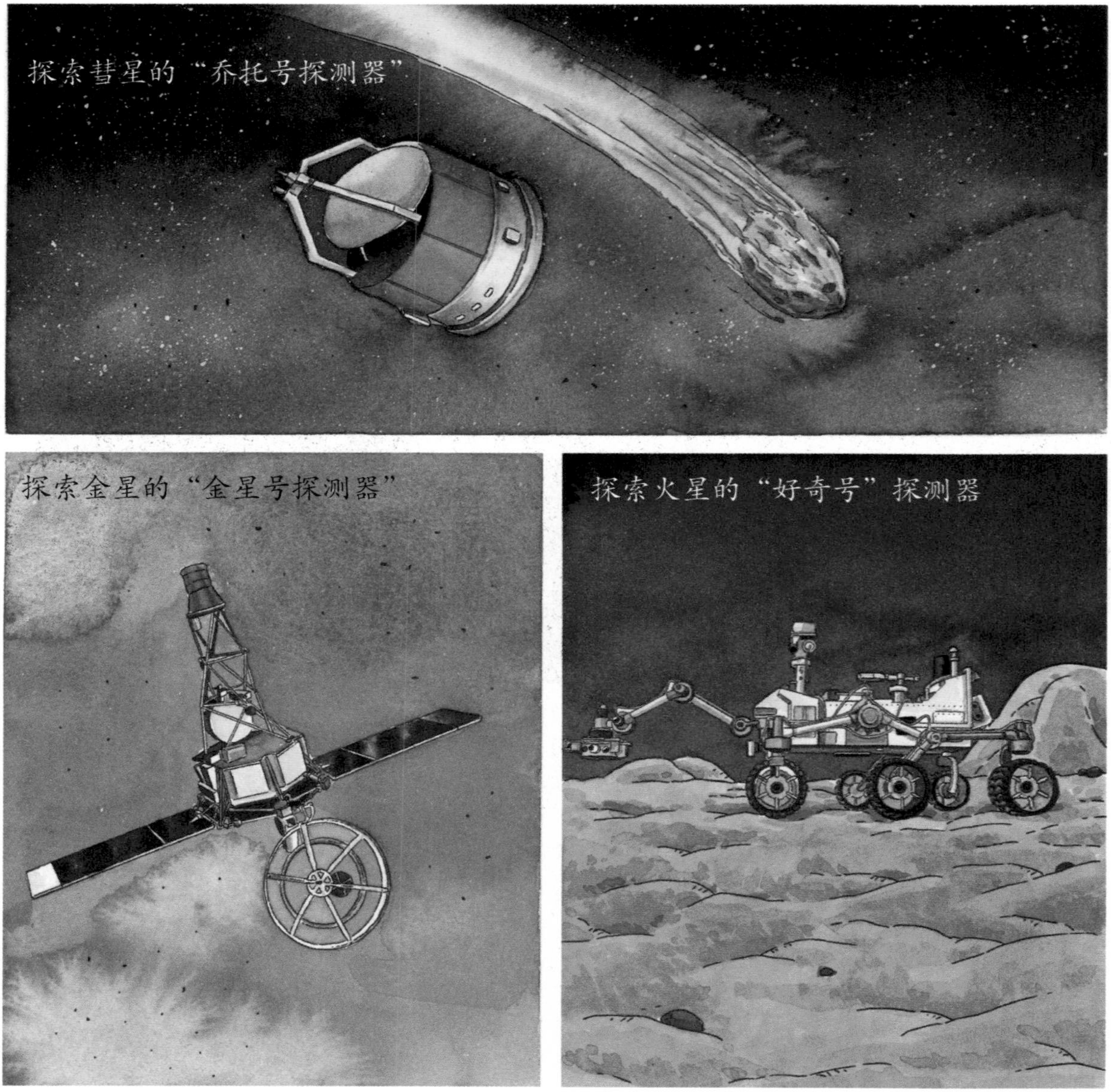

过去 40 年间，为了探索我们的地球和其他星球，人类发射了很多探测器。

浩瀚的宇宙等着我们去探索，也许在某个星球上也存在着跟我们一样的生命体，也许我们可以去其他星球上生活呢。

图书在版编目（CIP）数据

我的第一套万物启蒙书．天文地理 / 蓝灯童画编绘
．-- 太原：山西人民出版社，2023.2
ISBN 978-7-203-12667-6

Ⅰ．①我… Ⅱ．①蓝… Ⅲ．①科学知识 – 儿童读物②天文学 – 儿童读物③地理学 – 儿童读物 Ⅳ．① Z228.1 ② P1-49 ③ K90-49

中国国家版本馆 CIP 数据核字 (2023) 第 019441 号

我的第一套万物启蒙书．天文地理

编　　绘：蓝灯童画
责任编辑：宣海丰
复　　审：傅晓红
终　　审：贺　权
装帧设计：言　诺

出 版 者：山西出版传媒集团·山西人民出版社
地　　址：太原市建设南路21号
邮　　编：030012
发行营销：0351–4922220　4955996　4956039　4922127（传真）
天猫官网：https://sxrmcbs.tmall.com　电话：0351–4922159
E – mail：sxskcb@163.com　发行部
　　　　　sxskcb@126.com　总编室
网　　址：www.sxskcb.com

经 销 者：山西出版传媒集团·山西人民出版社
承 印 厂：三河市金兆印刷装订有限公司

开　　本：787mm × 1092mm　1/16
印　　张：14
字　　数：96千字
版　　次：2023年2月　第1版
印　　次：2023年2月　第1次印刷
书　　号：ISBN　978–7–203–12667–6
定　　价：168.00元（全8册）

如有印装质量问题请与本社联系调换

23.5°

我的第一套
万物启蒙书 · 天文地理

爱变脸的天气

蓝灯童画　编绘

山西出版传媒集团 山西人民出版社

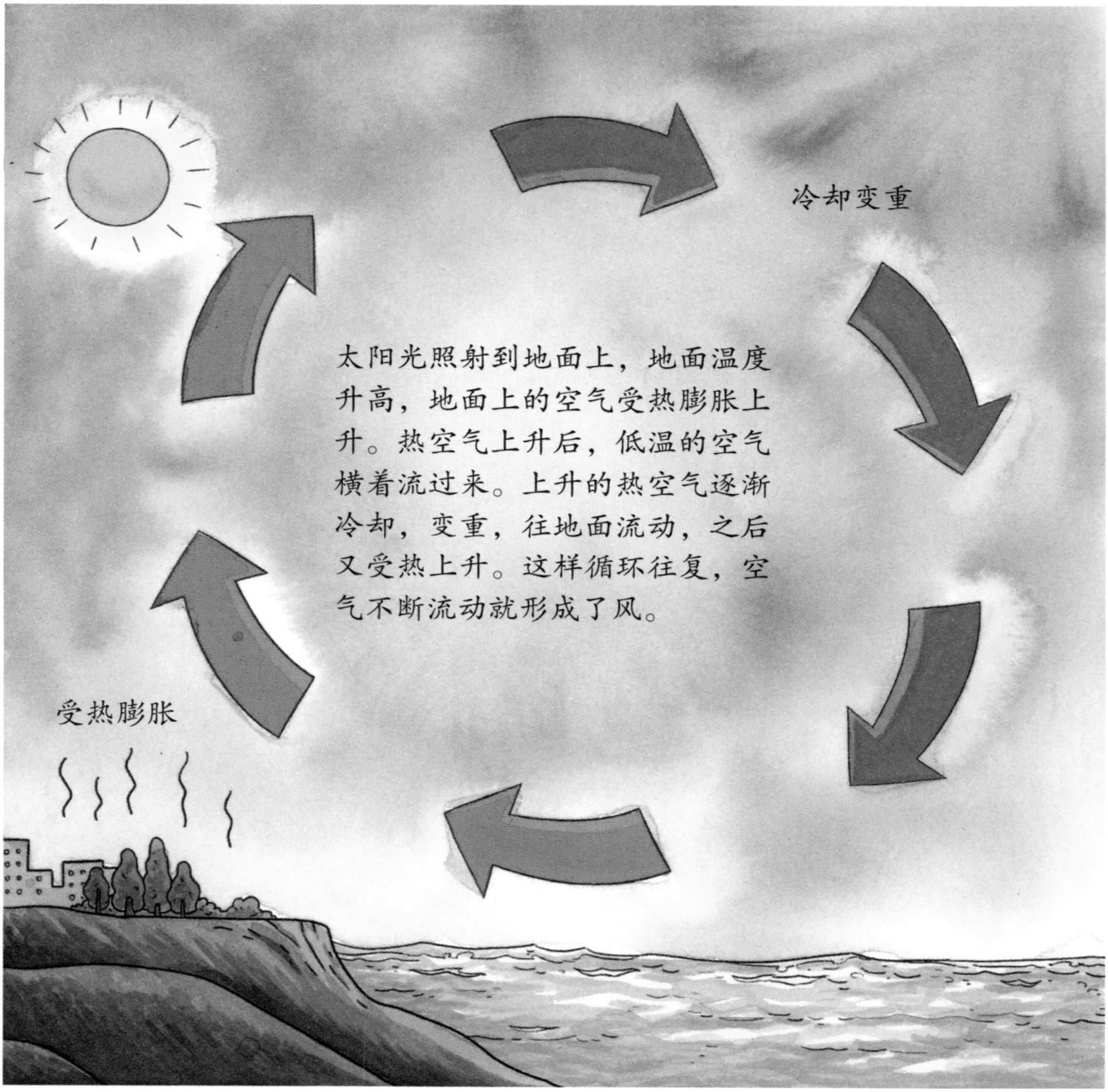

冷却变重
太阳光照射到地面上，地面温度升高，地面上的空气受热膨胀上升。热空气上升后，低温的空气横着流过来。上升的热空气逐渐冷却，变重，往地面流动，之后又受热上升。这样循环往复，空气不断流动就形成了风。
受热膨胀

风是空气流动引起的自然现象。

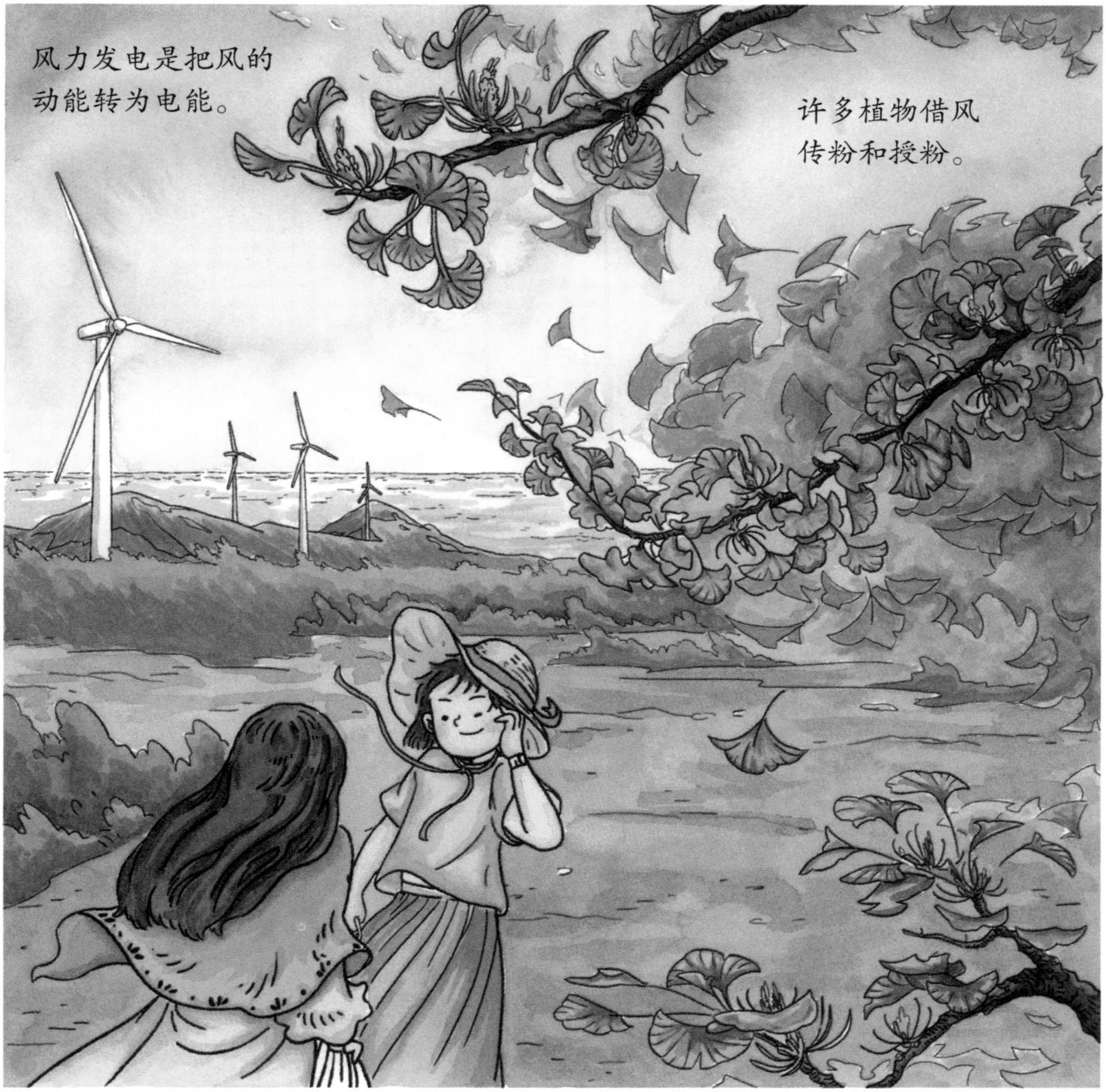
风力发电是把风的
动能转为电能。
许多植物借风
传粉和授粉。

无论是动植物，还是人类，都会受到风的影响。

龙卷风是一种直立空管状的旋转气流，非常猛烈，
破坏性极强，甚至能把汽车卷到空中。
龙卷风可能发生在陆地上，也可能发生在大海上。它很难预测。

风能带来积极影响，也能产生破坏作用，比如龙卷风、台风等自然风暴。

飓风和台风都是指风速达到每秒 33 米以上的热带气旋。由于它们发生的地点不同，故而被不同地区的人们冠以不同的称呼。

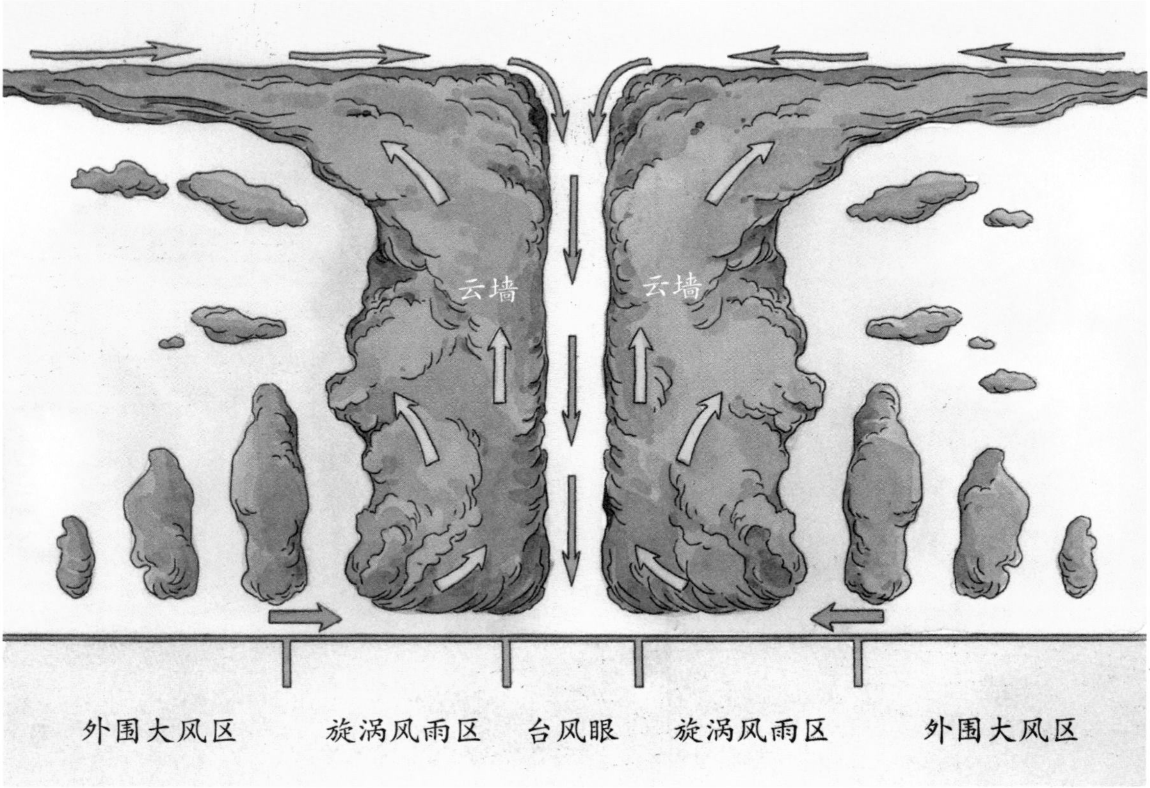
云墙
云墙
外围大风区
旋涡风雨区
台风眼
旋涡风雨区
外围大风区

伴随台风而来的是暴雨，猛烈的风雨会对沿海地带造成很大的破坏，然而奇怪的是，台风眼里往往风和日丽。

云主要有三种形态：一大团的积云、一大片的层云和纤维状的卷云。
积云
层云
卷云

地上的水受热蒸发上升，遇到冷空气后凝结成小水滴或冰晶，聚在一起就形成了云。

云层挡住了炙热的阳光，避免地球过热，
又阻止了地表热量过多地散发到空中，
因此，云是地球的保温层。

观察云的形状
和颜色可以预
测天气。

云是地表水循环的重要产物。它们飘在空中，为维护地球的生态系统起了巨大作用。

帽子云：荚状云的一种，是由稳定的上升气流越过高峰，冷却后形成的。

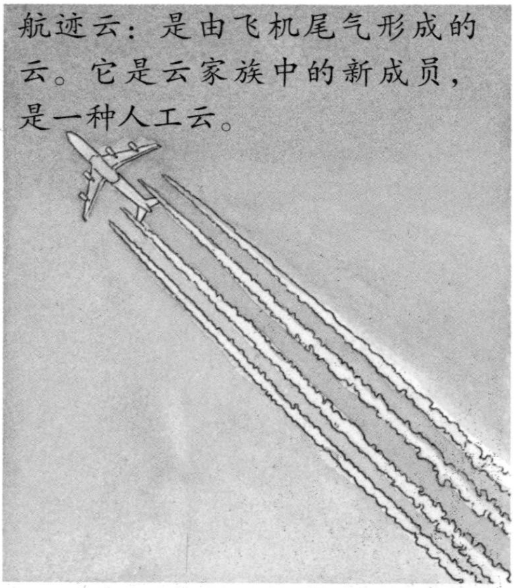

航迹云：是由飞机尾气形成的云。它是云家族中的新成员，是一种人工云。

雨幡洞云：天空像破了一个洞，它的形成原因与飞机有关。

夜光云：出现于高纬度地区高空的一种发光而透明的波状云。

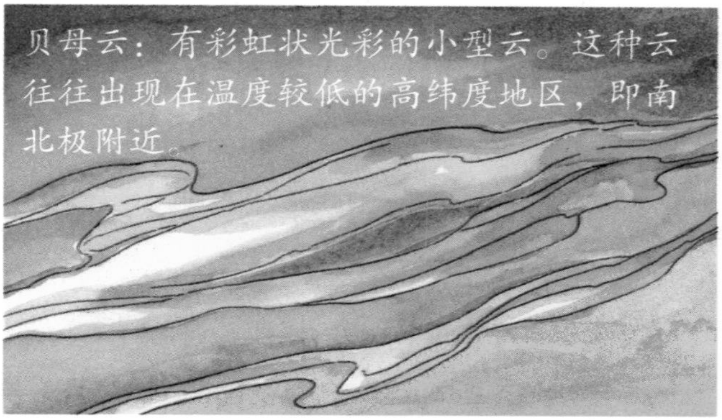

贝母云：有彩虹状光彩的小型云。这种云往往出现在温度较低的高纬度地区，即南北极附近。

云的形成原因是一样的，但不同的气象条件会形成不同形状的云。

黑压压的乌云、绚丽多彩的贝母云、美丽的朝霞和晚霞，都是由水汽组成的。由于所在高度、自身厚度以及光线条件的不同，呈现千变万化的色彩。

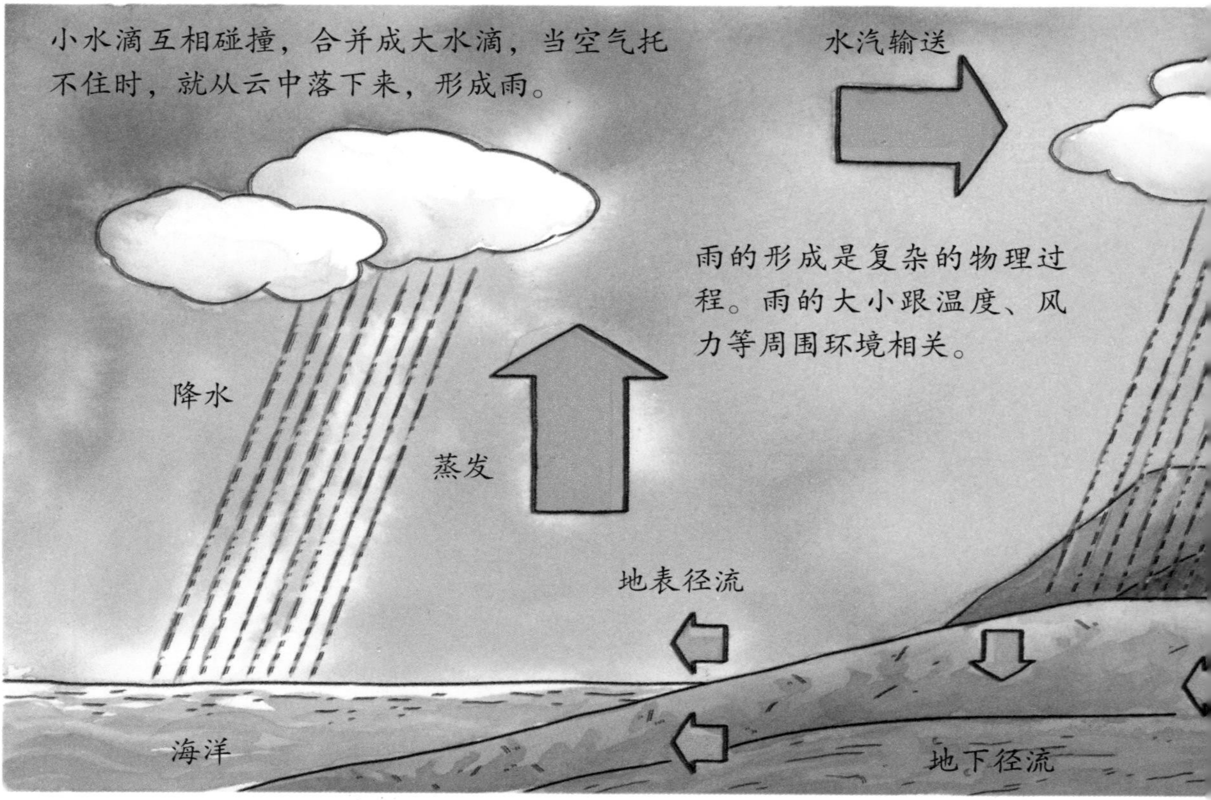

小水滴互相碰撞，合并成大水滴，当空气托不住时，就从云中落下来，形成雨。
水汽输送
雨的形成是复杂的物理过程。雨的大小跟温度、风力等周围环境相关。
降水
蒸发
地表径流
海洋
地下径流

蛙雨、钱雨，都是龙卷风造成的。

水汽蒸发变成了云。云里的小水滴越聚越大，变成雨落到地面上。这是地表最基本的水循环。

降水
植物蒸腾

雨是地球不可缺少的，是所有远离河流的陆生植物补给水分的唯一方式。

大雨导致山洪。

适量的雨水有利于植物的生长，但雨下得过量就可能引发水灾。

云层里的小水滴遇到寒冷的空气直接凝华成冰晶，冰晶慢慢变大，形成雪花。

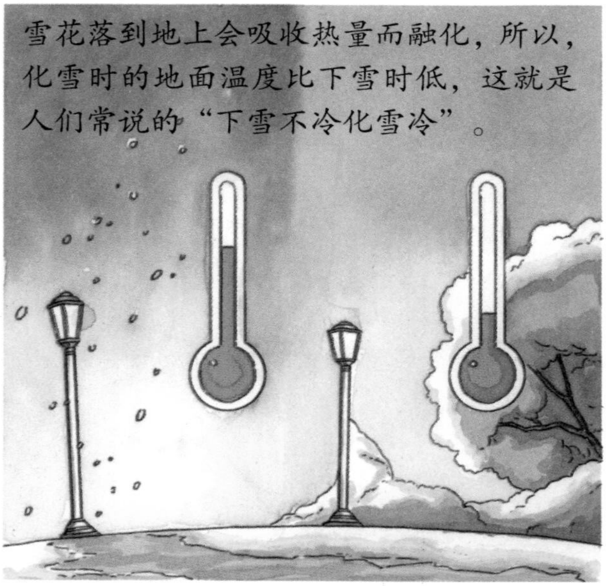

雪花落到地上会吸收热量而融化，所以，化雪时的地面温度比下雪时低，这就是人们常说的“下雪不冷化雪冷”。

大雪中含有大量的氮素，冬天田地里的农作物可以吸收这些氮素，促进生长。雪还有消灭真菌和细菌、给地面保温保湿等作用。

降雪也是一种降水。当空气足够冷，雨就变成了雪。雪融化成水，滋润大地。

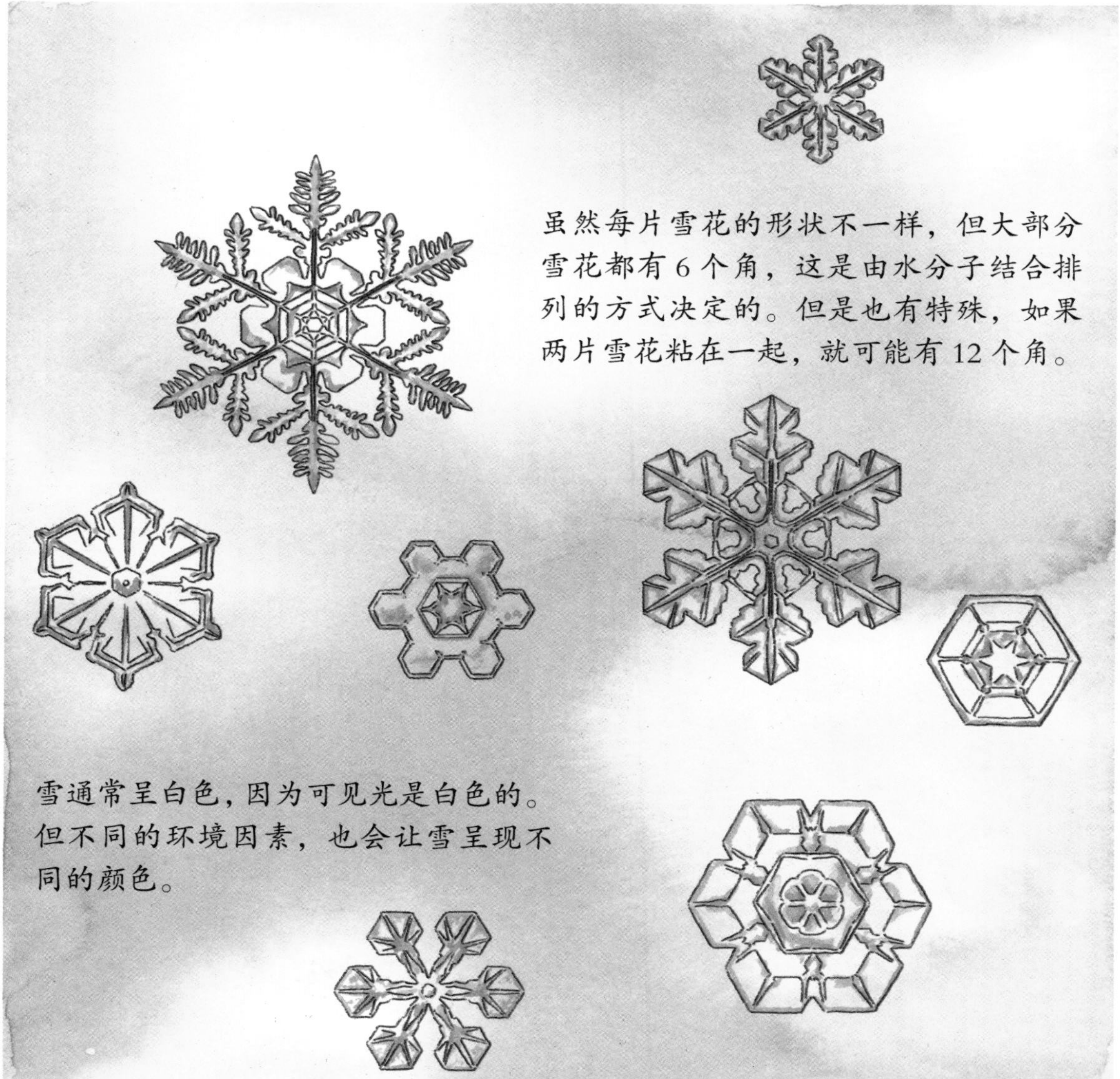

虽然每片雪花的形状不一样，但大部分雪花都有 6 个角，这是由水分子结合排列的方式决定的。但是也有特殊，如果两片雪花粘在一起，就可能有 12 个角。

雪通常呈白色，因为可见光是白色的。但不同的环境因素，也会让雪呈现不同的颜色。

雪花常见的形状有辐射状和恒星状，还有棱柱状、针状和空心板状。雪花的形状受到包括温度在内的各种因素的影响。

冰雹来自积雨云，当云中的雨点遇到猛烈上升的气流，被带到0℃以下的高空时，便形成小冰珠；随着上升气流增大，小冰珠也逐渐变大，就可能形成大冰雹。
冰雹也叫“雹”，夏季和春夏之交最为常见。它是一些小如绿豆、黄豆，大似栗子、鸡蛋的冰粒。

雹灾是严重的自然灾害之一。下冰雹时常伴随着乌云滚滚、电闪雷鸣。特大的冰雹甚至能毁坏建筑物和车辆，具有强大的破坏力。

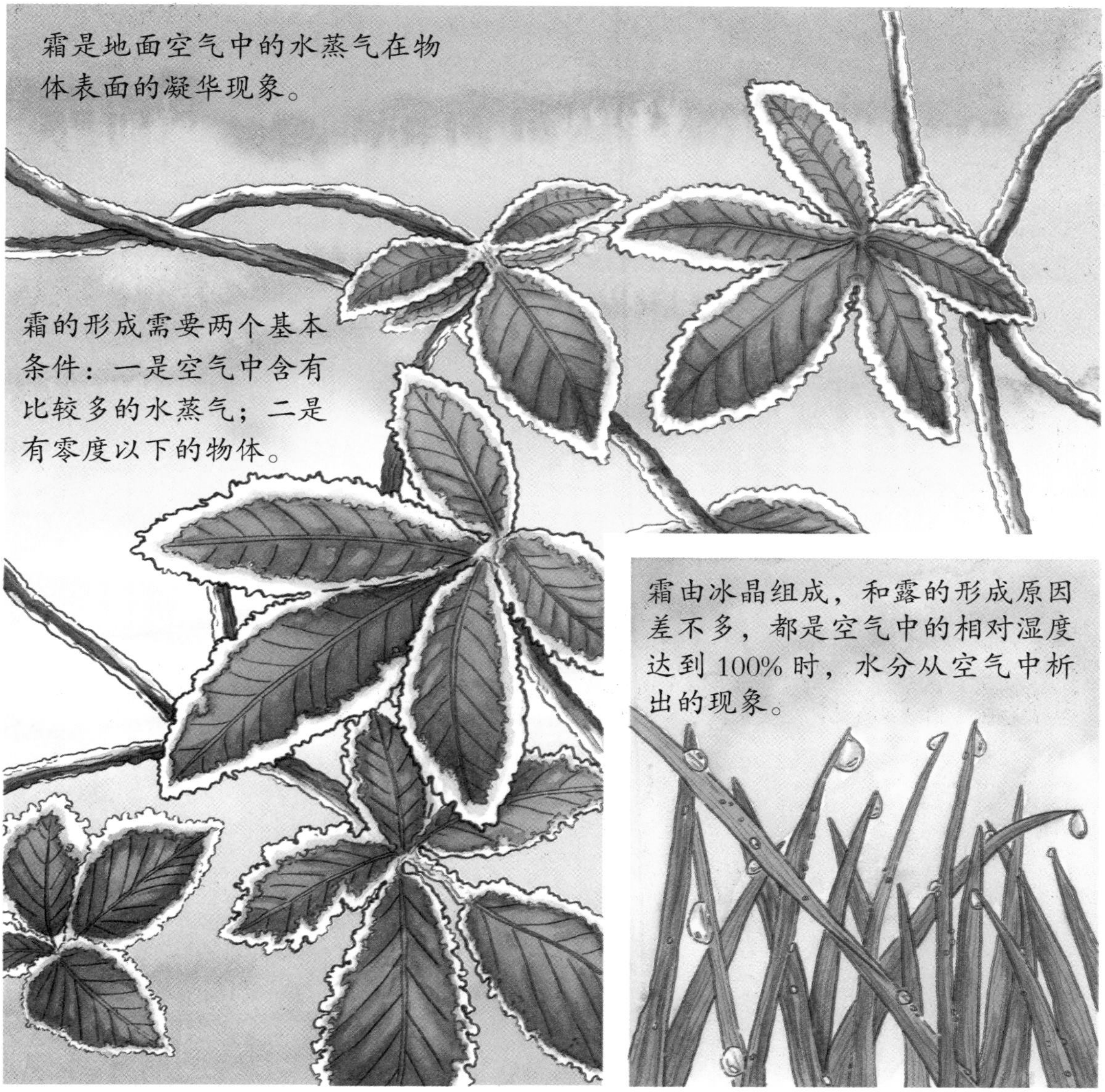

霜是地面空气中的水蒸气在物体表面的凝华现象。
霜的形成需要两个基本条件：一是空气中含有比较多的水蒸气；二是有零度以下的物体。
霜由冰晶组成，和露的形成原因差不多，都是空气中的相对湿度达到 100% 时，水分从空气中析出的现象。

霜通常在晴朗无云的夜里悄悄形成。太阳升起后，气温升高，霜或化为水流入泥土，或蒸发到空气中。

雷电是伴有闪电和雷鸣的一种壮观而又有点令人生畏的放电现象。
雷电一般产生于对流强烈的积雨云中，因此常伴有很强的阵风和暴雨，有时还伴有冰雹和龙卷风。

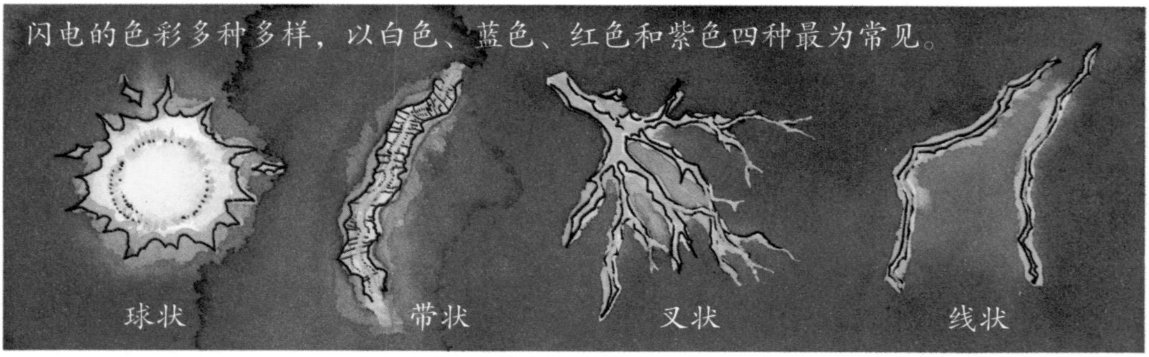

闪电的色彩多种多样，以白色、蓝色、红色和紫色四种最为常见。
球状
带状
叉状
线状

雷电是一种危险的自然现象。当雷雨来临时，我们要尽量待在室内；如果在室外，要远离树木、烟囱、输电线等。

彩虹是自然界中一种光学现象。当阳光照射在半空中的水珠上，光线被折射、反射，在天空中就会形成拱形的七彩光谱。
彩虹的明艳程度,取决于空气中水滴的大小:水滴体积越大，形成的彩虹越鲜亮；水滴体积越小，形成的彩虹就越不明显。

彩虹为什么是拱形而不是圆形的？因为我们是站在地面上观察，彩虹的下半部分被地平线遮住了，如果我们从空中看，彩虹就是一个完整的圆形。

太阳的带电粒子被地球南北极的磁场吸引，进入极地的高层大气时，与大气中的原子和分子碰撞，极光就产生了。

极光有时候一闪而过，有时候持续几个小时，五彩缤纷，绚丽无比。

海市蜃楼简称蜃景，是一种光学现象。
海市蜃楼多数发生在
沙漠和大海中。

上升的热空气，在太阳光折射下，就产生了海市蜃楼。

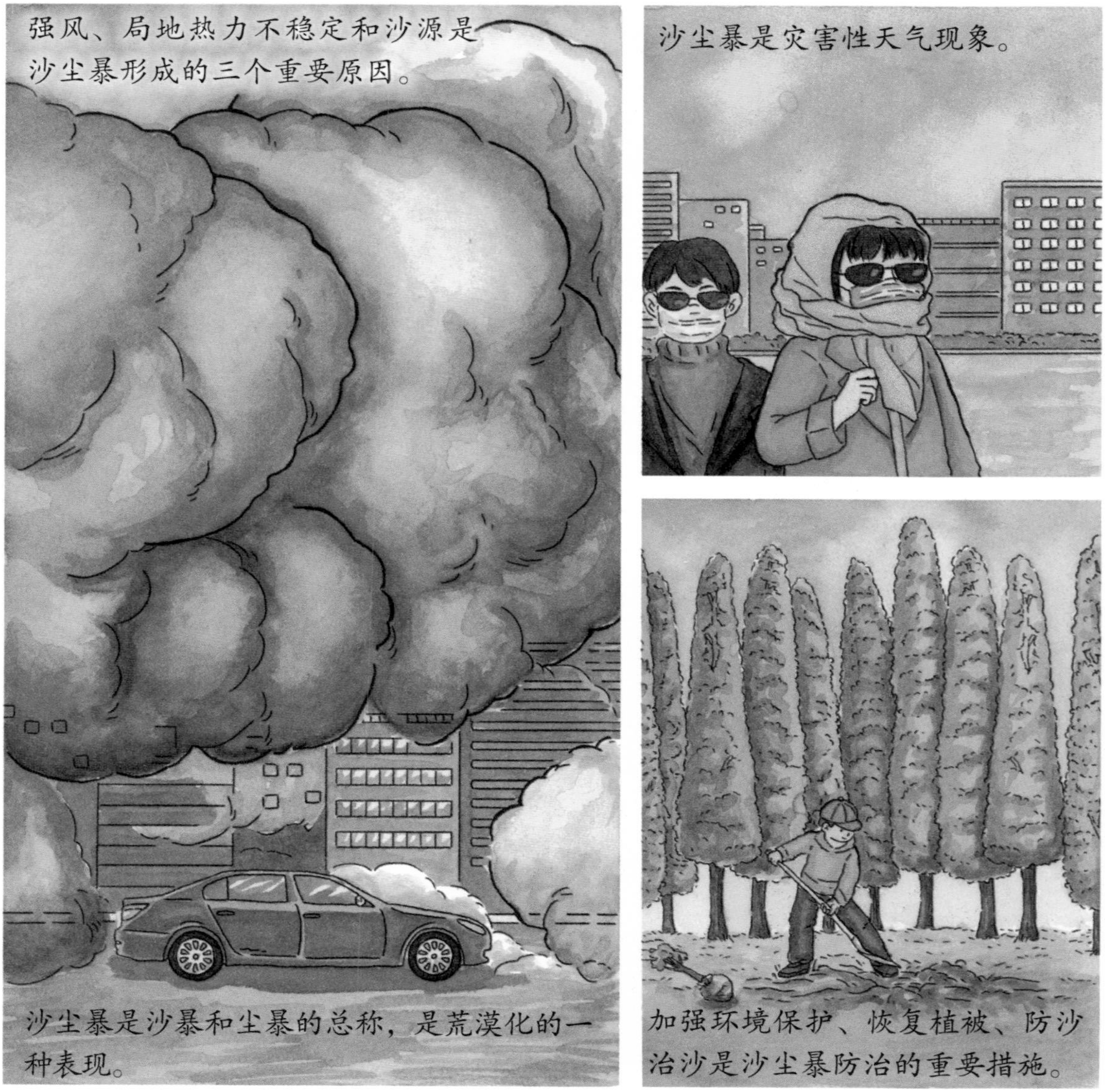

强风、局地热力不稳定和沙源是沙尘暴形成的三个重要原因。
沙尘暴是沙暴和尘暴的总称，是荒漠化的一种表现。
沙尘暴是灾害性天气现象。
加强环境保护、恢复植被、防沙治沙是沙尘暴防治的重要措施。

植被遭到破坏，大量沙尘裸露在地表，增大了沙尘暴的发生概率。

雾霾由雾和霾组成。出现雾霾时，空气中的灰尘、硫酸、硝酸、有机碳氢化合物等粒子使大气变得混浊。
工业排放是雾霾产生的主要原因。

低碳出行

低碳出行，减少温室气体排放，能够有效减少雾霾天气的发生。

人工降水又称人工增雨，是指根据自然界降水的原理，人为实施降水措施，促使雨滴形成。

1958年，吉林省遭受60年未遇的大旱，实施人工降雨获得成功。这是我国最早的人工降雨试验。

遇到干旱气候，迟迟没有降雨，这时，采取人工降雨的方式会缓解旱情。

测量降水量
的工具叫雨
量器。
风速仪
风向袋
观察和记录云的
形状，可以预测
未来天气状况。
日常测量风的仪器主要
是风速仪和风向袋。风
速仪转速越快说明风速
越大。后者能直观地观
察到风向。

气象观测是气象工作和大气科学发展的基础。通过对气象的观测和记录，可以更好地预测天气。

图书在版编目（CIP）数据

我的第一套万物启蒙书. 天文地理 / 蓝灯童画编绘
. -- 太原：山西人民出版社，2023.2
ISBN 978-7-203-12667-6

Ⅰ. ①我… Ⅱ. ①蓝… Ⅲ. ①科学知识 – 儿童读物②天文学 – 儿童读物③地理学 – 儿童读物 Ⅳ. ① Z228.1 ② P1-49 ③ K90-49

中国国家版本馆 CIP 数据核字 (2023) 第 019441 号

我的第一套万物启蒙书. 天文地理

编　　绘：蓝灯童画
责任编辑：宣海丰
复　　审：傅晓红
终　　审：贺　权
装帧设计：言　诺

出 版 者：山西出版传媒集团・山西人民出版社
地　　址：太原市建设南路21号
邮　　编：030012
发行营销：0351−4922220　4955996　4956039　4922127（传真）
天猫官网：https://sxrmcbs.tmall.com　电话：0351−4922159
E − mail：sxskcb@163.com　发行部
　　　　　sxskcb@126.com　总编室
网　　址：www.sxskcb.com

经 销 者：山西出版传媒集团・山西人民出版社
承 印 厂：三河市金兆印刷装订有限公司

开　　本：787mm × 1092mm　1/16
印　　张：14
字　　数：96千字
版　　次：2023年2月　第1版
印　　次：2023年2月　第1次印刷
书　　号：ISBN　978−7−203−12667−6
定　　价：168.00元（全8册）

23.5°